DICKES FELL UND LANGER ATEM

Für Finley, den allerbesten Frauchenversteher.

INHALT

PROLOG

Die Gründe, warum man sich einen Hund wünscht, können so vielfältig gestaltet sein, wie die Schneekristalle auf dem Himalaya. Die Liebe zu Tieren ist eine Leidenschaft, die mir als Kind von meinen Großeltern mitgegeben wurde. Dort war ich umgeben von Hühnern, Enten und Tauben, die mein Großvater züchtete und mit viel Erfolg ausstellte. Das Geflügel sorgte mit seinen Eiern für einen reich gedeckten Frühstückstisch, landete aber auch ab und an als Sonntagsbraten in Omas Kochtopf.

Dann war da noch Cora, eine lackschwarze Riesenschnauzer-Hündin, mit viel Zuneigung für mich und sehr viel „Charakter". Sie begleitete mich durch meine Kindheit und meine Jugend. Sie war meine Vertraute, mein Kuschelkissen und meine Spielkameradin. Als Cora ging, war das der erste schlimme Verlust, den ich in meinem Leben zu verarbeiten hatte. Wenn ich ehrlich bin, gibt es mir noch heute einen kleinen Stich ins Herz, wenn ich an sie denke.

Für mich stand also schon als Kind fest, dass ein eigener Hund zu meinem Lebensplan gehörte. Es sind dann ein paar Jahre ins Land gezogen, bevor ich meinen Vorsatz in die Tat umsetzen konnte. Zu diesem Zeitpunkt aber schienen mir die Voraussetzungen ideal. Die Kinder waren alt genug, ich arbeitete inzwischen selbstständig und konnte mir die Zeit einteilen. Wir wohnten am Stadtrand von Hamburg, mit vielen Wäldern um uns herum. Für genügend Auslauf war also gesorgt. Ich wollte einen Hund. Ich wollte ihn jetzt, ein kleines Bisschen auch, weil ich keine neuen Kaninchen mehr wollte, aber dazu komme ich später noch.

Dachte ich darüber nach, wie mein Leben mit Hund wohl aussehen würde, entstanden wildromantische Szenen vor meinem inneren Auge:

Mein zukünftiger Lebensabschnittshund, nennen wir ihn hier mal wertneutral Pfiffi, und ich lagen auf dem sattgrünen Gras zwischen den Gänseblümchen, unter unserer schattenspendenden Magnolie. In der einen Hand hielt ich ein Buch, mit der anderen Hand tätschelte ich versonnen den Kopf meines Vierbeiners.

Oder ich sah zu, wie meine beiden Mädchen in ihren geblümten Sommerkleidchen ausgelassen mit unserem Pfiffi durch den Garten tollten. Die drei verstanden sich wunderbar. Meine Mädchen liebten ihn und Pfiffi war hingerissen von meinen Töchtern.

Ich sah mich, wie ich mit Pfiffi lange Spaziergänge durch die vor unserer Haustür liegenden Wälder machte. Wir schlenderten entlang der Felder und begrüßten Bauer Vogelsangs auf der Wiese grasende Kühe. Unsere Spaziergänge führten vorbei an dem kleinen See, in dessen Schilf Enten und Reiher brüteten. Dort trafen wir andere Hundehalter und deren Pfiffis. Man unterhielt sich gesittet, die Hunde spielten friedlich. Neue Freundschaften entstanden, hach, bitte ja.

Erinnerungen wurden wach. Wieder sah ich mich als Kind auf der rot gestrichenen Gartenbank meiner Großmutter sitzen. Mit geschlossenen Augen genoss ich die Abendsonne. Mein Großvater stand mit Cora am unteren Ende des großen Gartens und pflückte Kirschen.

Cora musste sich wohl sehr gefreut haben, als sie mich erblickte, denn sie nahm Anlauf, startete durch wie ein Ferrari und sprang mit maximaler Beschleunigung auf die Bank. Mit voller Wucht schlitterte sie gegen mich und katapultierte mein zehnjähriges Ich ins nächstgelegene Brennnesselbeet. In diesem Moment hatte das Leben mir etwas sagen wollen. Ich konnte es nur noch nicht verstehen.

Wie sollte ich wissen, dass ich offenbar eine gesteigerte Anziehungskraft auf besondere Hunde ausübte. Also auf solche Hunde, die auf sämtliche Erziehungsdogmen und Rassestandards pfiffen und die vom berühmten, viel zitierten „Will-to-Please" noch nie etwas gehört hatten. Dafür kann ich nichts, das möchte ich betonen. Sie finden mich, diese Hunde, egal wo ich bin. Immer!

Ihre Birgit Jaklitsch

KAPITEL 1

DES WIDERSPENSTIGEN ZÄHMUNG

Schon Monate lang gärte der Konflikt in unserer Familie. Ich hatte es mir einfacher vorgestellt, meinen Wunsch nach einem Hund durchzusetzen. Es war noch völlig offen, ob es mir gelingen würde, das größte Hindernis, das zwischen mir und meinem Hundetraum stand, zu beseitigen. Das war eindeutig mein Mann.

Bitte nicht erschrecken, ich meine mit dem Wort „beseitigen" nicht die Hannibal-Lecter-Version im Sinne von, „lasst ihn uns abmurksen, in einem Säurefass auflösen und dann in einem Schiffscontainer nach Nirgendwo verschiffen." Das wäre zu einfach gewesen. Ich wollte eher den kommunikativen Weg beschreiten und den Gatten überreden, überzeugen, in den Findeprozess miteinbinden. Ehrlich!

Was ich bei dieser Überlegung außer Acht ließ, war, dass ich mit einem steirischen Sturschädel verheiratet war. Österreichische Männer kennen ihren Wert. Nein, heißt Nein. Eine nachvollziehbare Begründung gab es erst mal nicht. Auf meine Nachfragen wurde ich in der Regel mit einem müden „Ich möchte das nicht" abgespeist. Nun hatte das Schicksal mich aber auch mit einem kapitalen Dickkopf ausgestattet, nur eben mit der norddeutschen Spielart. Das bedeutete für meinen Steirer, so nicht mein Freund, hier wurde das letzte Wort noch nicht gesprochen. Wir werden schon noch sehen, wer von uns die ersten Ermüdungserscheinungen aufweisen wird.

Geschicktes, strategisches Handeln war gefragt. Ich musste Verbündete finden. Meine beiden Töchter Finja und Linnea waren da die idealen Kandidatinnen. Es war nicht schwer, sie für einen eigenen Hund zu begeistern. Nicht ganz fein von mir, ich weiß, aber in der Liebe und auf dem Schlachtfeld der Hundeanschaffung ist alles erlaubt.

Meine Kinder hatten seit drei Jahren Kaninchen, immer zwei Stück, in wechselnder Besetzung. Warum ich hier über Kaninchen schreibe? Nun, das ist unabdingbar, weil die Kaninchenhaltung unserer Kinder, der Aufwand der uns Erwachsenen daraus entstanden war und letztlich die „leicht“ erhöhte Fluktuationsrate der fluffigen Wesen, die nach und nach unseren Stall bevölkerten, zur Kernargumentation meines Mannes gegen die Anschaffung eines Hundes wurde.

Im Stillen musste ich ja zugeben, dass die Sterblichkeitsrate unserer Hasen etwas über dem Bundesdurchschnitt lag. Und was ich auch einräumen musste, war, dass mein Mann für diese Tiere handwerklich wirklich alles gegeben hatte. Im Internet fand er eine Bauanleitung für einen Hasenstall. Er ergänzte den Stall durch eine weitere Etage. Auch Kaninchen gehen sich mal auf den Keks und brauchten einen Rückzugsort. Den Ausstieg überdachte er mit einem selbstentworfenen Vordach, damit kein Regen in den Stall gelangen konnte. Dann hob er eine 2 x 3 Meter große Grube aus, verlegte Hühnerdraht auf dem Boden, bedeckte das Ganze mit Gehwegplatten aus Beton. Dann schüttete er die Grube wieder mit Erdreich zu und säte Rasen aus. Er zog einen engmaschigen Zaun drumherum, versah den Auslauf mit einem Dach aus dem gleichen Material. Und zu guter Letzt umgab er das ganze Areal noch mit Schatten spendenden Holzstellwänden. Schwedenidylle für Mümmelmänner.

Unser kleines Paradies wurde jäh gestört, als es sich in der Marderpopulation der uns umgebenden Wälder herumgesprochen hatte, dass Familie Jaklitsch einen kleinen Frischfleischvorrat für harte Zeiten bereithielt. Ich erspare euch die blutigen Details. Nur soviel, wir legten hinter dem Kaninchenauslauf einen Friedhof für die Überreste unserer Schnuffis und Bommels an. Meine Kinder bemalten ihnen zu Ehren kleine Steine und legten sie auf die Gräber. Im tatortgereinigten Stall wohnten jetzt Schnuffi IV und Bommel VI. Ich hatte beschlossen, egal wie es laufen würde, diese Zwei wären die letzte Opfergabe an die Marder. Das Restaurant „Blutiges Bullerbü“ würde schließen, bevor unser Garten mehr Leichenteile beherbergen würde, als die Bodyfarm des FBI in Langley.

Während einer unserer Pro-und-Contra-Auseinandersetzungen

sagte mein Mann zu mir: „Du hast doch gesehen, wie die Karnickel unter der Aufsicht der Kinder weggestorben sind. Das kann man doch keinem Hund zumuten." Ich wandte ein, dass dieser Vergleich doch wohl hinken würde, schließlich gehörten Hunde nicht zum Speiseplan unserer Marder. Und mal objektiv betrachtet, wie hätten unsere Töchter, damals sieben und acht Jahre alt, die Marderüberfälle verhindern können?

„Was stellst du dir eigentlich vor", fragte ich Philipp, „irgend so einen Showdown am O.K. Corall um Mitternacht?" Wie das wohl ausgegangen wäre. Marshall Finja Earp und Doc Linnea Holliday stehen, bis an die Zähne mit Sandschippe und Plastikgießkanne bewaffnet, in meinem Vorstadtgarten und stellen sich todesmutig einer Horde blutrünstiger, zähnefletschender Marder in den Weg. „Wäre dir das lieber gewesen", fragte ich meinen Mann vorwurfsvoll.

Wie ihr seht, ging es bei uns immer betont sachlich zu.

Dann fügte ich noch hinzu: „Außerdem kaufe ich den Hund nicht für die Kinder, sondern in erster Linie ausnahmsweise mal für mich!" Mein Mann stutzte, drehte sich um, drückte mich kurz an sich und antwortete: „Aber Spatz, du brauchst doch keinen Hund. Du hast ja mich." Oha, dachte ich, da lag der Hund also begraben. Ich hatte es mit einem frühtestosteraten Schub zu tun. Eine dem Ereignis vorgelagerte Eifersucht, eine diffuse Angst vor dem zukünftigen Aufmerksamkeitsdefizit. Kurz: Etwas, womit ich mich eigentlich gar nicht beschäftigen wollte, jetzt aber musste, wollte ich jemals mit einem Hund durch unsere Wälder schreiten.

Da stand ich nun und war sprachlos. Ich fühlte mich, als hätte ich gerade einen Aufzug betreten. Aus einem Lautsprecher erklang eine freundliche Stimme und sagte: „Herzlich willkommen bei ‚Neverdog'. Sie fahren ins dritte Untergeschoss, unserem Hochsensibilitätsbereich. Einer unserer Mitarbeiter wird Sie zu der für sie vorgesehenen Exitschleuse führen. Achten Sie bitte darauf, beim Verlassen des Fahrstuhls nicht in die umstehenden

Fettnäpfchen zu treten."

Vordergründig ließ ich das Thema eigener Hund erst einmal ruhen. Doch wie hatte meine Großmutter immer gesagt: „Lass die Männer sich in Sicherheit wiegen, Birgit. Wenn sie denken, dass sie alles unter Kontrolle haben und sich entspannen, dann ist deine Zeit gekommen."

Ich fing an, Hundebücher zu kaufen, und las sie in jeder freien Minute. Ich kannte keine andere Urlaubslektüre mehr. Und wie ich so in der Sonne saß und las, wie einfach es im Grunde war, einen Welpen aufzuziehen, spürte ich die besorgten Blicke meines Mannes auf mir ruhen. Ich lächelte ihn an und sagte ... NICHTS. Das war er so nicht gewohnt. Ein Stephen-King-Film hätte in diesen Momenten nicht gruseliger für meinen Mann sein können als ich.

In unserem letzten Urlaub vor dem zu erwartenden Showdown besuchten wir meine Schwiegerfamilie in der Steiermark. Wie das Schicksal es wollte, hatte sich Traudl, meine Schwiegermutter, einen Malteserrüden zugelegt. Es gab also doch Frauen in dieser Familie, die bekamen, was sie sich wünschten. Die Schwiegermutti nannte ihn Sternchen, was nicht annähernd seinem Charakter entsprach. Der ein Jahr alte Rüde thronte zwar wie ein unschuldiges Schneeflöckchen auf Traudls Schoß, war aber ein Satansbraten. Ich sah meine Chance gekommen und versuchte, neue Verbündete zu akquirieren.

Sternchens manchmal exzentrische Ausraster machten es mir leicht, meine Schwiegermutter zu überreden, mir den Kleinen doch ab und an zu überlassen. Sie überließ mir bereitwillig die Morgenrunden. Mein Mann grinste. Er ging davon aus, dass ich diese Verpflichtung schnell überhaben würde. Er hatte recht, der Hund und meine Schwiegermutter waren in Kombination oft eine Herausforderung, aber ich habe die Zähne zusammengebissen und das für mich behalten, bis heute.

Im Verlauf des Urlaubs steigerte ich mein Engagement für Sternchen, unterhielt mich mit der Schwiegermutter über Hunde im Allgemeinen, zeigte ihr meine Bücher und eines Abends geschah es, das Wunder, auf das ich schon so lange wartete.

Die ganze Familie hatte sich im „Kürbiswinkl“ zum Abendessen getroffen. Zwischen Kaspressknödl und Brathendl musste das Sternchen mal für kleine Königstiger. Meine Schwiegermutter konnte ihrem Rüden gerade nicht helfen. Sie hatte a bisserl zu tief ins Weinglas geschaut und schunkelte schon im Sitzen zu der im Hintergrund laufenden Volksmusik. Natürlich sprang ich gerne ein und führte den Kleinen auf die nahe gelegene Kuhwiese. Als ich zurückkam und den kleinen Racker zurückgab, sah meine Schwiegermutter meinen Mann an und sagte: „Gell Philipp, is scho kloar dos die Birgit a an eignen Hund braucht?“

Mein Mann wurde bleich. Ich sprang sofort aufs Trittbrett auf und warf vorsichtig ein: „Ich hätte schon gern einen, aber der Philipp möchte keinen.“ Mein von ein paar Almdudlern milde gestimmter Steirer lief rot an, räusperte sich und sagte dann: „Ja gut, dann müssen wir wohl noch mal drüber reden.“ Wer meine Schwiegermutter kennt, weiß, dass sie Unentschlossenheit nicht sehr schätzt. Also setzte sie nach: „Des is guat für Birgits Söl, sie braucht an Hund.“ Machtwort gesprochen! Das war der Moment, in dem ich wusste, ich würde meinen Hund bekommen. Ich weiß, meine Vorgehensweise könnte man kritisieren, aber ihr wisst ja, in der Liebe und auf dem Schlachtfeld ... Meine Schwiegermama nennt das im Übrigen Diplomatie und ich bin an dieser Stelle geneigt, ihrer Diktion zu folgen. Manipulation klingt so hart.

Die erste Schlacht war gewonnen. Ich machte mir aber keine Illusionen, mein Mann würde es mir nicht allzu leicht machen.

KAPITEL 2

PFIFFI, WO BIST DU? DIE RECHERCHE BEGINNT

Der Alltag in Hamburg hatte uns wieder fest im Griff. Mein Mann hatte Zeit gehabt nachzudenken und war zu dem Entschluss gekommen, dass das Unternehmen Hund nur innerhalb eines von ihm fest definierten Rahmen zu verwirklichen sei. Er hatte sich Notizen gemacht und teilte mir nun mit, zu welchen Bedingungen er bereit wäre, einen Hund in unserer Mitte zumindest zu dulden.

Das über allem thronende Gesetz war,
Ich, Philipp, bin für dieses Tier nicht verantwortlich!

„Das ist dann aber allein dein Hobby, Birgit“, sagte der Gatte und ließ noch ein paar detaillierte Erklärungen folgen. Er sehe sich ganz bestimmt nicht mit Pfiffi durch die Wälder streifen, das sei ihm zu langweilig und zu aufwendig. Ich musste sehr schmunzeln. Aufwendig hatte er gesagt, ha! Das kam von dem Mann, der sich nichts Schöneres vorstellen konnte, als einsam und stundenlang auf seinem Mountainbike mit einem Affenzahn durch unsere Gegend zu pesen, ohne von der Schönheit unserer Umgebung etwas mitzubekommen.

Er fuhr durch unsere Wälder und teilte sie abschnittsweise in Schwierigkeitsgrade und Geländebeschaffenheit ein. Jeder kleine Hügel, jede Holzbank, jede Brücke und jedes Schlagloch waren potentielle Hindernisse, über die man springen oder durch die man durchschlittern konnte. Falsches Wetter gab es nicht in dieser Sportart. Das war ja nun etwas, was die Hundehaltung mit dem Mountainbiken gemeinsam hatte.

Wenn mein Steirer nach einem Biker-Ritt nach Hause kam, sah er aus, als habe er eine ernsthafte Auseinandersetzung mit der Wichtelgruppe unseres örtlichen Waldkindergartens gehabt. Die Beine waren mit Modder überzogen, Lehmklumpen bedeckten den Oberkörper. Sein Gesicht war mit einer dünnen, grünlichen Schicht überzogen, er sah aus wie eine schlankere Ausgabe von Shrek. Die Klümpchen fanden sich sogar trotz Fahrradhelm in den

Haaren wieder. In diesem Zustand, ein unternehmungslustiges Glitzern in den bernsteinfarbenen Augen, stapfte mein Gatte unsere weiß lackierte Holztreppe hoch. Im weiß gekachelten Bad entledigte er sich seiner Radklamotten und stieg in die ebenfalls weiß gekachelte Duschkabine, um sich abzuduschen. Danach sah unsere Duschwanne aus, wie Nachbar Manfreds alter Malerkübel, nachdem er darin den Schnellbeton für die Pfosten seiner Terrassenholzwände angerührt hatte. Dieser Mann wollte mir etwas über aufwendige Hobbys beibringen.

Im Grunde hatte ich überhaupt kein Problem damit, die Verantwortung für unseren Hund zu übernehmen. Im Umkehrschluss würde das ja auch bedeuten, dass mir niemand bei der Auswahl des Hundes oder der Erziehung reinreden würde. Doch genau in diesem Punkt täuschte ich mich. Philipp machte sehr deutlich, dass ich ihm zum gegebenen Zeitpunkt schon genau darlegen müsste, warum es genau DIESER Hund sein sollte. „Der Hund muss mich irgendwie ansprechen", sagte er in einem der Gespräche. Was zum Donner war denn damit wieder gemeint? „Muss mich ansprechen", woher sollte ich wissen, welche Art Hund einem Mann gefällt, der ursprünglich eigentlich gar keinen Hund wollte.

Was den persönlichen Geschmack betraf, waren Philipp und ich ohnehin grundverschieden, nahezu auf fast allen Gebieten. Als wir uns entschlossen hatten, zusammen zu leben, konnten wir uns zuerst überhaupt nicht darauf einigen, in wessen Wohnung wir ziehen wollen. Nach zähem Ringen fiel die Wahl auf Philipps Wohnung, sie hatte ein kleines Zimmer mehr und lag in der Nähe seiner Redaktion. Ich hingegen war noch im Volontariat und wusste noch gar nicht, wie es danach weitergehen sollte. Nun könnte man meinen, sei alles gut gewesen. Mitnichten!

Ich hatte eine komplett eingerichtete Wohnung und Philipp auch. Wenn es nach meinem Mann gegangen wäre, hätte alles so bleiben können. Hätte ich mein gesamtes Hab und Gut auf dem Flohmarkt verramschen wollen, Philipp hätte mir ohne mit der

Wimper zu zucken seinen Segen dafür erteilt. Wie es immer ist, wenn zwei zusammenziehen, musste sich jeder von uns von ein paar Sachen trennen, damit die Dinge des anderen Platz fanden. Um jeden Schrank, jeden Stuhl und jede Lampe musste ich fighten, bis es mir gelungen war, die funktionale Junggesellenbude meines Mannes in ein ziviles, gemütliches Zuhause zu verwandeln. Ich hoffte wirklich, dass ich es in Bezug auf unseren Pfiffi etwas leichter haben würde.

Was stellte sich mein Mann vor. Sollte ich vielleicht eine Ausschreibung für herrenlose Hunde herausgeben:

„Hallo Du, Pfiffi!
Du suchst dein neues Für-immer-Zuhause?

- ***Du siehst gut aus und bist kinderlieb.***
- ***Laute Geräusche überhörst du mit Gelassenheit.***
- ***Du bist gesund und isst, was in den Napf kommt.***
- ***Du hast eine Grundausbildung absolviert.***
- ***Sitz, Platz, Fuß sind dir geläufig und du lieferst sie mit viel Will-to-please ab.***
- ***Du zerkaust keine Möbel, unsere Bücher sind für dich tabu.***
- ***Du fährst gerne Auto, längere Strecken sind für dich ein Vergnügen.***
- ***Du kannst deine Impulse kontrollieren und Frustrationstoleranz ist dein zweiter Vorname.***

Wenn diese Eigenschaften auf dich zutreffen, haben wir ein Match. Komme doch bitte in 10 Tagen, um 12.00 Uhr Ortszeit auf die Hundefreilauffläche am Bahndamm, zum Bewerbungsgespräch. Bringe ausreichend Wasser und Futter mit. Aufgrund der hohen Bewerberzahl könnten längere Wartezeiten entstehen.“

Ich sah meinen Mann und mich am Ende eines langen, mit grünem Gras bedeckten Dogwalks auf Barhockern sitzen, sämtliche Heidi-Klum-Sprüche im Köcher. Nacheinander liefen die Kandidaten über den Laufsteg, um sich bei uns das finale Urteil abzuholen. Mein Mann sagte Sätze wie: „Sorry, aber du bist nicht authentisch genug ... kannst du dich da vorne bitte noch mal drehen ... spielst du gern mit Bällchen ...“

Bei mir hatte inzwischen ohnehin der Verstand ausgesetzt, Gott waren die alle süß. Ich wollte Probekuscheln, das Fell durchbürsten, mit allen Kandidaten kichernd über die Wiese hüpfen, mit anderen Worten, ich war gerade keine große Hilfe.

Nein, so würde es natürlich nicht ablaufen. So leicht war ich nicht aus der Vernunftzone zu katapultieren. Es brauchte eine solide Recherche. Sofort begann ich damit, mir meine eigenen Kriterien festzulegen. Einen kleinen Hund, wie Traudls Sternchen schloss ich für mich kategorisch aus. Das war zugegebenermaßen eine reine, auf sehr einseitigen Urlaubserfahrungen basierende Gefühlsentscheidung.

Ich wollte einen freundlichen, standfesten Hund, mit dem ich etwas unternehmen konnte. Da wir in einer Reihenhaussiedlung mit kleinen Gärten wohnten, kamen Rassen mit einem starken Schutztrieb nicht infrage. Unsere Nachbarn sollten ja auch noch friedlich leben können und nicht jedes Mal, wenn sie ihren Garten betraten, von unserem Hund zusammengestaucht werden. Also, schweren Herzens, adieu Schäferhund und ciao Riesenschnauzer.

Wegen Finja und Linnea wünschte ich mir einen kinderlieben Hund, der gerne mit den Kindern spielen würde. Ein Sensibelchen hätte es schwer in unserer Familie. Wir hatten viel Besuch von anderen Familien, das durfte Pfiffi nicht aus der Bahn werfen. Später lernte ich, dass man das, was ich mir da so inniglich wünschte, unter dem Begriff „wesensfest“ subsumieren konnte. Ein Schlagwort, dass wie ich später noch feststellen sollte, in der Hundebubble auf sehr vielfältige und fantasievolle Art und Weise interpretiert wurde.

Was ich hier nur hinter vorgehaltener Hand zugeben werde, ist, dass ich unbedingt einen Rüden wollte. Unsere Töchter waren

Hand in Hand durch alle frühkindlichen Entwicklungsphasen gegangen. Die Erinnerungen daran waren bei mir noch relativ frisch, denn auch meine Mädchen sind sehr gründlich und hatten ihre Grenzen bis in bodenlose Tiefen ausgelotet. Altersmäßig lagen sie ja dicht beieinander, was äußerst praktisch war für die Zwei. So konnten sie sicherstellen, dass zwischen dem Ende von Finjas Trotzphase und dem Beginn von Linneas frühkindlichem Guerillakampf gegen das Elternpatriarchat ein nahtloser Übergang stattfinden konnte. Ich wollte mir gar nicht ausmalen, was alles noch geschehen könnte, wenn die beiden gemeinsam in ihre Pubertät hineintanzen würden. Deshalb wollte ich für unseren östrogenüberladenen Haushalt unbedingt einen Rüden. Es konnte nur besser werden, so dachte ich jedenfalls.

An einem lauen Sommerabend setzte ich mich mit meinem Computer auf die Terrasse und gab „Welcher Hund passt zu mir" bei Google ein. Wow, ich hatte 2.230.000 Treffer gelandet. So ging es weiter. Ich gab „Familienhund" ein, 1.470.000 Treffer, „Was ist der richtige Anfängerhund" ... 25.200. All diesen Hinweisen nachzugehen war unmöglich. Ich klappte meinen Laptop zu und fragte mich, welche Möglichkeiten ich denn überhaupt hatte, meinen Hund zu finden?

Meine Freundin Silke hatte ihre Hunde immer von einer Tierschutzorganisation aus Schleswig-Holstein bekommen. Ich erinnere mich noch gut an ihren ersten Rüden. Rocco war ein etwa 3 Jahre alter, langhaariger Schäferhund. Sein Herrchen war gestorben und er suchte eine neue Familie. Mit ihm zusammen, erwarb sich Silke, mit endloser Geduld, ihr gesamtes Hundewissen. Sie ging auf den Trainingsplatz des Schäferhundevereins um die Ecke und dort machte sie Rocco zu ihrem Hund.

Eine kleine Macke hatte Rocco mitgebracht. Er bewahrte sie wie einen kleinen Schatz, sein restliches Leben lang. Nach Spaziergängen oder einfach, wenn er den Trubel in der großen Familie satthatte, zog er sich gerne in den Waschkeller zurück. Dort lag er stundenlang vor der laufenden Waschmaschine und sah der

Waschtrommel dabei zu, wie sie sich drehte. Irgendwann schlief er ein. Die Familie ließ ihn dann schlafen, die Wäsche konnte man ja auch später machen.

Nach Rocco folgten noch Spitz Flitzer, Spanielrüde Rusty, Dackeldame Herta und Beany, eine Golden-Retriever-Hündin, die aus einem Vermehrer-Haushalt gerettet wurde und die später von Silke zur Malteser-Besuchshündin ausgebildet wurde. Alle diese Hunde kamen von der gleichen Tierschutzorganisation. Der Verein, nennen wir ihn hier einfach „Pfote aufs Herz", bezog seine Tiere überwiegend aus Rumänien und Polen. In mir formte sich der Gedanke, dass es wirklich ein erstrebenswertes Ziel sei, einen Hund zu retten, ihn herauszuholen aus einem freudlosen Dasein. Wenn Silke so gute Erfahrungen mit diesem Verein gemacht hatte, war das nicht auch für uns eine gute Option, einen Hund zu bekommen?

Philipp und ich kamen überein, dass wir es im Tierschutz versuchen wollten. Allerdings wollten wir uns in den umliegenden Tierheimen umschauen. Wenn es hier bei uns Hunde ohne Zuhause gab, schien es uns sinnvoller, einem von ihnen ein Zuhause zu geben.

KAPITEL 3

EIN HUND AUS DEM TIERSCHUTZ

Ich machte einen Termin in einem der größten Tierheime unserer Stadt. Dort konnte ich mich, schenkte ich der Homepage des Vereins Glauben, auf einen Erfahrungsschatz verlassen, der seit 1860 stetig gewachsen war. Freudig erregt betrat ich das Foyer. Augenblicklich änderte sich mein Empfinden. Irgendetwas Schweres lag hier in der Luft. Schwierig, das zu beschreiben, aber man konnte es fast mit den Händen greifen. Die Atmosphäre war irgendwie angespannt, das trifft es wohl am besten.

Die Eisentür zum Nebengebäude öffnete sich, lautes, aufgeregtes Hundegebell war zu hören, und Gisela Schmidt trat durch die Tür. Sie war für die Hunde im Tierheim zuständig. Sie entschied, ob jemand einen Hund bekommen würde oder nicht. Sie kam zum Empfang und begrüßte mich:

„Ja, da sind Sie ja. Wie war doch gleich der Name ... Frau Jatschik, oder?“ Ich antwortete: „Äh ja, Jaklitsch ... guten Tag.“ Gisela Schmidt plauderte munter weiter: „Aha, so Frau Jaliksch, dann wollen wir mal sehen, ob ich Ihnen einen Hund anvertrauen kann.“ Ich war etwas irritiert, denn für mich stand es außer Frage, dass wir ein schönes Zuhause zu bieten hatten.

Ein bisschen mehr Euphorie hatte ich von Frau Schmidt schon erwartet. „Was möchten sie denn nun von mir wissen, Frau Schmidt? Und ich heiße Jaklitsch.“

„Ach, wissen Sie“, antwortete sie, „ich habe da schon Dinge erlebt ... nach außen nett und innen drinnen vollkommen verdorben. Das würden Sie mir gar nicht glauben, wenn ich Ihnen das alles erzählen würde, Frau Jakschlit.“ Das mit meinem Nachnamen würden wir hoffentlich noch hinbekommen, dachte ich bei mir. In Erwartung eines netten Smalltalks zu einer guten Tasse Kaffee setzte ich mich auf einen der Klappstühle und war eigentlich ganz guter Dinge.

Frau Schmidt nahm mir gegenüber Platz, schlug ihr Notizbuch auf und legte los: „So Frau Jatschlik, wohnen Sie in einer Wohnung oder in einem Haus?“ Bereitwillig beschrieb ich ihr unser Reihenhaus. Ich erzählte ihr, wo meine Kinder ihre Zimmer haben, dass wir vorhatten, die Treppe in den ersten Stock mit einem Kindergitter zu verschließen, dass Pfiffi das ganze Untergeschoss für sich zur Verfügung haben würde und dass ich schon Ausschau hielt nach einem gemütlichen Hundekissen für unseren Schatz. Mit diesen Fragen hatte ich gerechnet, ich hielt sie auch für berechtigt.

Ich erzählte ihr auch, wie wir uns unser neues Familienmitglied vorstellten, was wir mit unserem Hund zukünftig unternehmen wollten, und dass wir uns einen jungen Hund wünschten, der dann genügend Zeit hätte, mit uns zusammenzuwachsen. Er sollte mit in den Urlaub fahren, der uns häufig zu Familienbesuchen nach Österreich führen würde. Das bedeutete, Pfiffi sollte auch unsere Bergwanderungen mitmachen können. Danach buchstabierte ich noch einmal meinen Namen.

Frau Schmidt schien auch zufrieden zu sein, denn sie sagte: „Na, das klingt ja alles ganz schön so. Was wollen Sie Ihrem Hund denn zu futtern geben?“ Ich antwortete frisch von der Leber weg: „Wir möchten Trockenfutter füttern. Vielleicht haben Sie da einen Tipp für uns?“ Wie konnte ich ahnen, dass ich mit dem Thema Hundefutter einen der hart umkämpften Kriegsschauplätze der Hundewelt betrat. „Hmmm, soso“, sinnierte Frau Schmidt, sah mich skeptisch an und dann, „Sie wollen also nicht Barfen, Frau Jatschilk?“ Ich verneinte und gab offen zu, dass mir das Barfen, nach allem, was ich gelesen hatte, zu zeitintensiv sei. Und weiter: „Unser Hund soll uns auf unseren Reisen begleiten. Ein Sack Futter ist schnell eingepackt. Das Barfen würde alles komplizierter machen. Ach, bitte J-A-K-L-I-T-S-C-H ist mein Name.“

Offenbar hatte ich es mir mit meiner letzten Antwort mit Frau Schmidts verscherzt. „Tja Frau Jaliksch, ein wenig Opferbereitschaft muss man schon mitbringen für seinen Hund.“ Ihr vorwurfsvoller Unterton verfehlte seine Wirkung nicht. Ich hatte ein schlechtes Gewissen, ohne zu wissen, warum eigentlich. Sie betrachtete mich und sagte dann: „Wir hätten vielleicht eine Hündin für sie. Bergwanderungen sind zwar nichts für Leila, aber sie muss dringend hier raus. Sie ist etwa 4 Jahre alt, eine Rumänin. Sie hatte einen schweren Unfall und gerade eine OP. Das rechte Vorderbein musste amputiert werden, das wird sie aber hoffentlich später nicht sehr einschränken. Leila ist ganz entzückend.“ Und während sie mir das erzählte, fragte ich mich, ob die Frau Schmidt nicht nur in Bezug auf meinen Namen, sondern ganz allgemein ein Hörproblem mit sich herumtrug.

Versteht mich bitte nicht falsch. Auch diese Hündin hatte ein schönes Zuhause verdient und sicherlich hatte sie auch Charme. Als Hunde-Unerfahrene fühlte ich mich von der Vorstellung, diesem Hund gerecht werden zu müssen, einfach überfordert. Außerdem war sogar mir als Anfängerin klar, dass Leila mit ihrem Handicap und dem anstehenden Genesungsprozess in einem hundeerfahrenen, ruhigen Haushalt besser aufgehoben wäre.

Das sagte ich Frau Schmidt auch und lehnte mit Bedauern ab. Mein Verhältnis zu Frau Schmidt durfte man danach wohl als abgekühlt bezeichnen. Sie sagte: „Nun, ich fürchte, dann habe ich keinen Hund für sie. Auf Wiedersehen, Frau Jakschisch.“ Bevor ich dem wachsenden Impuls nachgeben würde, meinen Nachnamen für diese Dame zu tanzen, grüßte ich freundlich und suchte enttäuscht das Weite.

Mein nächster Weg führte mich zu einer Pflegestelle in Schleswig-Holstein. Helga lebte dort mit drei Söhnen und ihrem Mann. Ihre Familie war Mitglied im Tierschutzverein „Pfotenrettung“. Sie fungierten bereit seit drei Jahren als Pflegestelle für den Verein. Wenn die Hunde zu Helga in deren großen Garten und dem idyllisch gelegenen Bauernhaus kamen, ging es ihnen meistens nicht besonders gut. Helga päppelte sie auf und trainierte ein wenig mit ihnen, sodass man diese Hunde guten Gewissens in andere Familien weitervermitteln konnte. Für diesen Einsatz bewunderte ich sie, denn dazu gehört viel Selbstlosigkeit und viel gutes Gespür für die Tiere. Helga führte auch die Vermittlungsgespräche und entschied in letzter Instanz, zu wem ihre Gäste ziehen würden.

Als wir uns bei ihr meldeten, hatte sie einen jungen Leonberger-Rüden in der Vermittlung. Er sei ein ganz Lieber, berichtete Helga am Telefon, so richtig verschmust. Ich fuhr also ins benachbarte Schleswig-Holstein und traf mich mit ihr. Was sie mit verschmust meinte, sollte ich sofort am eigenen Leib spüren. Der Rüde, den Helga „Leo“ getauft hatte, sah mich, stürmte auf mich zu und sprang energiegeladen an mir hoch. „Er will Küsschen geben, du gefällst ihm“, jubelte Helga. Ich bekam von dem Begeisterungsausbruch allerdings nicht mehr viel mit, denn Leo hatte mir eine kapitale Kopfnuss verpasst. Benusselt saß ich am Boden, während Leo mir seinen warmen, feuchten Atem ins rechte Ohr blies.

Helga half mir auf und wir gingen in ihre Küche, um zu reden. Sie holte ein Paket tiefgefrorene Erbsen aus dem Tiefkühlfach und drückte es mir auf die linke Gesichtshälfte. So führten wir zwei unser Gespräch. Leo tobte derweil durch den Garten. Ab und zu hörten wir es krachen. Dann sagte Helga so etwas wie „Ach Leo, du kleiner Tollpatsch“, und damit war das Thema für sie erledigt. Ich hatte kein Problem damit, dass Leo noch erzogen werden musste. Das wäre ja bei jedem Hund so gewesen, den wir bekommen hätten. Ich war wirklich ernsthaft interessiert.

Wie sich aber herausstellte, hatte Helga ein Problem damit, dass ich dem Leo ein paar Unarten abgewöhnen wollte. „Du darfst dem Leo doch nicht seine ganze Lebensfreude nehmen“, sagte sie entrüstet. Ich entgegnete ihr, dass mir das völlig fernlag, aber ein paar Regeln mussten schon sein. Das Anspringen war eines der Dinge, die ich angehen wollte. Der Leo sollte glücklich bei uns sein dürfen, aber bitte, ohne dass wir Menschen irgendwelche Verletzungen davontragen würden. Meine Mädchen seien erst acht und neun Jahre alt und gegen so viel Kraft noch nicht gewappnet. Das gelte auch für meine betagte Mutter, die zweimal in der Woche auf die Kinder aufpasste, wenn ich in der Redaktion arbeiten musste. Nach einigem Ringen mit sich selbst räumte Helga ein, dass ich da eventuell ein berechtigtes Anliegen hätte. Richtig zufrieden sah sie aber nicht aus.

Was die Vermittlung von Leo an uns aber endgültig zum Scheitern brachte, war die Tatsache, dass ich Helga nicht garantieren wollte, dass Leo bei uns im Bett schlafen durfte. Ehrlich gesagt wäre ich nie auf die Idee gekommen, meinen Hund mit ins Bett zu nehmen, und schon gar nicht, wenn besagter Hund ausgewachsen die Ausmaße eines kleinen Shetlandponys hatte. Wie andere das regelten, war mir eigentlich wurscht. Wie ich später herausfand, war das Thema „Hund im Bett, Ja oder nein" auch so ein Schlachtfeld, auf dem sich Hundeleute gegenseitig blutige Nasen verpassten. Helga war ganz offensichtlich eine glühende Verfechterin des „Ja", ich unterstützte die Nein-Front.

„Wie soll Leo sich denn jemals als vollwertiges Familienmitglied fühlen, wenn er nicht bei euch schlafen darf", fragte sie entsetzt. Ich versuchte, ihr zu erklären, dass Leo ja nun erstens sehr, sehr groß sei und ich es zweitens sehr, sehr gerne hätte, wenn mein Mann auch noch Platz im Ehebett finden würde. Dann sei es aus unserer Sicht auch ein hygienisches Problem, einen so langhaarigen Hund ins Bett zu lassen. Nicht einmal meine Mädchen würden noch bei uns im Bett schlafen und unser Verhältnis untereinander sei trotzdem echt super. Helga standen die Tränen in den Augen. „Schade", hauchte sie und schnäuzte ins Taschentuch. „Ich dachte echt, ich hätte Leos Leute gefunden." Weil ich meine Felle gerade die Trave herunterschwimmen sah, wandte ich ein, dass wir überhaupt nichts dagegen hätten, wenn Leo bei uns im Zimmer schlafen würde, aber eben im eigenen Hundebett.

Helga sah Leo an, der schon lange zu meinen Füßen lag und sich den Bauch von mir kraulen ließ, und sagte: „Das findest du doch auch nicht gut Leo, du schläfst viel lieber im Familienbett, oder?" Leo hatte gar keine Lust zu antworten. Er grunzte wohlig, drehte sich und ließ sich nun am Rücken weiter kraulen. Er schien überhaupt kein Problem mit mir zu haben. Wie ein kleines Trüffelschweinchen hatte er angefangen, mich ab zu schnuppern, was eine mitteldicke Schleimspur auf meinen Klamotten hinterlassen hatte. Auf dieser Schleimspur rutschte ich Helga förmlich entgegen und bat sie, sich das Ganze noch einmal zu überlegen, wir jedenfalls würden Leo gerne aufnehmen. Sie versprach mir, sich die ganze Angelegenheit noch einmal durch den Kopf gehen zu lassen. Doch es geschah, was ich befürchtet hatte. Nach etwa zwanzig Minuten Autofahrt hörte ich ein „Ping“ auf meinem Handy. Helga hatte eine Mail geschickt: „Es tut mir leid, wir können euch Leo nicht geben. Wir denken, er gehört einfach zu uns, er wird bleiben.“

Was ich aus diesen Begebenheiten vor allem lernte, war, dass ich mich, bevor ich mich mit den Hunden beschäftigen konnte, zuerst einmal mit den Eigenarten der betreuenden Menschen auseinandersetzen musste. Der Faktor Mensch war in der Welt der Hunde nicht zu unterschätzen. Das war eine der wichtigsten Erkenntnisse, die man als Hundehalter, Tierschützer oder Hundetrainer gewinnen konnte. Im Grunde genommen begann ich am Tag dieser Erkenntnis, ohne es selber wahrzunehmen, meine Ausbildung zur Trainerin.

KAPITEL 4

DER DIGITALE TRAUMHUND

Nachdem ich beim Tierschutz abgeblitzt war, hatte ich ein paar schlaflose Nächte. Ich zweifelte stark an mir und meinen Fähigkeiten, einen Hund aufzuziehen. Für den Tierschutz, jedenfalls war das mein Empfinden, war ich die Antichristin. Mein Name durfte im Tierschutz-Universum nicht mehr genannt werden, ich war Die-der-man-keinen-Hund-geben-konnte. Zugegeben, in der Rückschau war meine Betrachtungsweise vielleicht ein bisschen dramatisch, aber fünf Nächte Schlafentzug können einen schon mal ein wenig aus der Bahn werfen. Ich bitte da um Verständnis.

In der sechsten schlaflosen Nacht rief ich meine Freundin Wiebke an. „Die mögen mich da nicht. Das ist so ungerecht", schniefte ich ins Telefon. „Aha, na sowas ... wer zum Donner ist da", fragte mich Wiebke noch leicht verschlafen. Und dann: „Ach du bist das. Was ist denn los?"

Ich erzählte ihr die ganze Geschichte und endete mit einem kläglichen: „Ich werde niemals einen Hund bekommen." Wiebke lachte laut auf. „Na, da wird es wohl Zeit für einen warmen Kakao auf meiner Terrasse. In fünf Minuten?" Wiebke wohnte nur zwei Häuserreihen weiter, sie war eine meiner besten Freundinnen. Unsere Kinder waren zusammen zur Schule gegangen, zehn Jahre gemeinsame Elternabende und Schulfest-Planungen hatten uns fest zusammengeschweißt.

Fünf Minuten später saß ich mit Wiebke zusammen in ihrem gemütlichen Strandkorb. Wir waren eingemummelt in eine unüberschaubare Anzahl von Wolldecken und wir schnackten. Während ich meine warme Schokolade schlürfte, hatte sie ihren Laptop geöffnet. „Was soll´s, Birgit. Dann eben ohne den Tierschutz. Das Internet ist voll von Angeboten. Es gibt eine Menge Hunde, die ein Zuhause suchen", murmelte sie. Bis zum Morgengrauen hatten wir eine Liste von Verkaufsangeboten erstellt. Bei diesen Leuten wollten wir einmal anfragen. Natürlich erst nachdem diese ausgeschlafen hatten.

Wiebke, die schon zwei Hunde gehabt hatte, machte den ersten

Anruf. Es ging um Pudelwelpen, was mich ehrlich gesagt nicht so begeisterte, einen Pudel wollte ich eigentlich nicht. Wiebke hingegen hatte ein Faible für Pudel. „Wieso nicht? Das sind doch tolle Hunde“, wischte sie meinen Einwand vom Tisch. Ich seufzte, denn das stand für mich fest, ein Pudel würde nicht einziehen. Das war nun so gar nicht mein Beuteschema.

Meine Großtante Berta hatte einen Pudel gehabt. Ein schwarzes Stimmenwunder. Hätte man „Gretel vom Erdbeerfeld“, so lautete ihr Zuchtname, als bellfreudig bezeichnet, wäre das die Untertreibung des Jahrzehnts gewesen. Sie gab ständig zu allem ihren Senf dazu, sie fiepte, knurrte, jammerte und bellte sich fröhlich durch den Tag. Untermalt wurde das Ganze vom Gesang der, auch im Haushalt von Tante Berta lebenden, Kanarienvögel Pünktchen und Anton. Gelegentlich stimmte Tante Berta in den Singsang ein, „Wer ist mein Schätzchen, bist du mein Schätzchen?“ Es war in etwa so, als würde man ungeschützt in der Endlosschleife einer Wagneroper festhängen. Genauso laut, ohne dass ein gnädiges Ende abzusehen gewesen wäre. Nein, jeden Tag „Die Götterdämmerung“ hören, das wollte ich nicht.

Später sollte ich beruflich noch recht häufig mit Pudeln zu tun haben. Denn der Pudel lag im Trend und ich muss eingestehen, völlig zurecht. Es sind charmante Schlauberger, absolut familienfreundliche und kinderliebe Hundeclowns. Mit der richtigen Erziehung, ein wenig Toleranz und Humor hat man einen tollen Gefährten an seiner Seite. Was man wissen sollte, Pudel sind keine Alte-Damen-Schoßhunde. Sie wurden ursprünglich für die Jagd gezüchtet und besitzen eine nicht zu unterschätzende Stöber- und Wasserpassion. Ein Pudel braucht Aufgaben und er will spielen, spielen, spielen. Da muss sich der Besitzer richtig etwas einfallen lassen.

Tja und mit gelegentlichen Operetteneinlagen muss man irgendwie klarkommen. Denn einem Pudel das Bellen abzugewöhnen, ist schier unmöglich. Er ist wachsam und zeigt ein deutliches Revierverhalten. Die Bellfreude, die ihm innewohnt, kann man, will man es positiv sehen, durchaus als Zuchterfolg einordnen. Bis zu einem gewissen Maß kann man das Bellen durch zielgerichtetes Training einschränken. Wann das Maß voll ist und er sich nicht mehr einschränken lässt, wird euch euer Pudel mitteilen oder er singt es euch in den höchsten Tönen ...

Aber ich bin ein wenig vom Weg abgekommen.

Während meine Gedanken noch bei Tante Bertas Pudeldame Gretel weilten, hatte Wiebke schon längst die Nummer aus der Anzeige angewählt. „Guten Morgen, mein Name ist Wiebke Holtmann und ich hätte Interesse an einem Ihrer Pudelwelpen“, begann sie das Gespräch. „Welche meinen Sie, die Schwarzen oder die Gelben“, tönte es unwirsch aus dem Lautsprecher des Handys zurück.

„Ja, wie viele Welpen haben Sie denn gerade? Mit wem spreche ich denn eigentlich“, fragte Wiebke erstaunt. „Ich bin die Züchterin, Marion Betge“, kam es etwas schmallippig zurück. Wiebke sah mich an und zog die Brauen hoch. Ich zuckte mit den Schultern. Warum war die Frau so gnatschig? Wiebke startete unverdrossen einen neuen Versuch.

„Also ich würde mir die Welpen gerne einmal anschauen und auch die Mama. Ich suche nach einem Königspudel“, sagte sie.

„Königspudel haben wir auch liegen“, antwortete die Züchterin. Ich verstand jetzt gar nichts mehr. War das nun ein Wurf aus schwarzen und gelben Königspudeln, waren es zwei Würfe, einer schwarz, einer gelb oder gab es noch einen dritten Wurf, eben ein Königspudelwurf, Fellfarbe unbekannt? Und wenn Letzteres stimmte, wären es dann nicht vielleicht ein paar Welpen zu viel für eine gute Versorgung? Auch Wiebke schien mir ein wenig verwirrt. „Hmmm, wie sieht es nun aus, können wir bei Ihnen vorbeikommen und uns die Welpen anschauen?“, hakte sie nach.

Oho, da hatte Wiebke wohl etwas Falsches gesagt. Die Züchterin schien richtig sauer zu sein. „Wir sind hier doch nicht im Streichelzoo, vielleicht möchten Sie auch noch Kaffee und Kuchen ...

ha, das läuft bei uns so: Sie bestellen einen Welpen. Meine Söhne und Sie treffen sich an der Autobahnraststätte Buddikate, Richtung Hamburg. Bringen Sie die 450 Euro mit, wir tauschen und das war es dann!" Wiebke war aufgebracht: „Bitte nicht in diesem Ton. Daraus wird wohl nichts. Tschüss dann." Sie beendete das Gespräch.

„Siehst du", sagte ich zu ihr, „so kann es laufen." Wiebkes Gesicht war rot angelaufen: „Was waren das denn für Leute?" „Ob das wirklich eine Züchterin war, bezweifle ich stark", antwortete ich. Ich hatte in einem meiner Hundebücher nämlich gelesen, wie man einen guten Züchter findet. Daher wusste ich, dass es für einen verantwortungsvollen Züchter selbstverständlich sein sollte, dass er alle Interessenten kennenlernen möchte, bevor er einen seiner Welpen abgeben würde.

„Das sag ich dir schon mal gleich. Ich werde mich nicht mit den Söhnen vom Betge-Syndikat auf einem nebeligen Autobahnparkplatz treffen, die Taschen voller Bargeld und darauf warten, dass mir irgendwer mit einem Baseballschläger eins überzieht." Hatte ich irgendwo schon einmal angemerkt, dass meine Fantasie manchmal mit mir durchgeht? Nein? Nun dann ist dies sicherlich ein geeigneter Zeitpunkt, es beiläufig zu erwähnen.

Nach diesem Debakel schauten Wiebke und ich uns unsere Liste noch einmal an. Wir studierten die Anzeigen erneut und stellten fest, dass sie doch recht ähnlich klangen: „Wunderschöne XY-Welpen in zwölf Wochen in ein liebevolles Zuhause abzugeben ... ", „Unsere Rasselbande sucht nette Menschen ...", „Ich suche liebevolles Frauchen/Herrchen", „Wir müssen uns von unserem Cane-Corso-Welpen trennen, da unser Sohn eine Allergie ..."

Überhaupt schienen Allergien unter Hundeleuten überproportional stark vertreten zu sein, sie waren in gefühlt jeder dritten Anzeige der Grund dafür, warum jemand seinen Hund abgeben wollte. Wenn das so weitergehen würde, dachte ich bei mir, dann würde es in unserem Land schon bald zu einem bundesweiten Antihistaminika-Engpass kommen.

Preislich lagen die angebotenen Hunde zwischen 150 Euro bis hinauf zu mehreren tausend Euro. Welcher Preis war nun gerechtfertigt und sagte der Preis überhaupt etwas über die Qualität der Aufzucht eines Hundes aus? Was rechtfertigte einen Preis von 4500 bis 6000 Euro für eine Französische Bulldogge in der Fellfarbe Silber oder für einen Chihuahua in Bluemerle, während Hunde in anderer Fellfarbe, aber der gleichen Rasse, bei einem eingetragenen Züchter nur ein Drittel dieses Betrages kosteten? Aus heutiger Sicht muss ich auf beide Fragen antworten, „Ich fürchte, NICHTS!“

Für Wiebke und mich bedeutete das, dass wir erst einmal einen Schritt zurücktreten mussten. Keine Spontananrufe mehr bei Inserenten in Internetportalen, nur weil die Fotos so niedlich waren und meine Sehnsucht nach einem Hund so groß. Ich brauchte etwas mehr Hintergrundwissen über die unterschiedlichen Hunderassen, ihre Veranlagungen, ihre Erziehung, damit ich mich mit den Verkäufern etwas mehr auf Augenhöhe befand. Ich wollte keinem dieser Vermehrer aufsitzen, von denen man gerade so viel lesen konnte.

Später, als ich schon als Trainerin arbeitete, sollte mir meine Recherchearbeit diesbezüglich noch nützlich werden. Eines Tages rief mich Frau Schmiddendorf an: „Ähm ja, wir kennen uns nicht, aber wir brauchen dringend Hilfe mit unserem Hund. Ich habe Angst.“ Wenn jemand so etwas zu mir am Telefon sagt, gehen bei mir innerlich alle Warnleuchten an. In der Regel besteht bei diesen Kunden schon ein gewisser Leidensdruck, weil es schon länger nicht so gut läuft mit dem Hund oder schlimmer, es war akut etwas passiert. „Was macht Ihnen Angst“, fragte ich, gleich zum Kern der Sache kommend.

In einem längeren Gespräch fand ich Folgendes heraus:

Frau Schmiddendorf war Bauunternehmerin und alleinerziehende Mutter zweier Söhne, die zwölf und sechzehn Jahre alt waren. Der sechzehnjährige Torsten war selten zu Hause, weil er in einem Internat an der Ostseeküste zur Schule ging. Der jüngere

Bruder Malte ging ins örtliche Gymnasium und wohnte zu Hause bei seiner Mutter.

Frau Schmiddendorf hatte einen Hund für Malte haben wollen. Er war Diabetiker und das anvisierte Ziel war, dass besagter Hund Malte als ausgebildeter Diabetikerwarnhund in die Schule begleiten durfte. Als selbständige Unternehmerin war es Frau Schmiddendorf gewohnt, die Dinge in die Hand zu nehmen und schnell effektive Lösungen zu finden. Deshalb hatte sie sich im Internet nach einem passenden Hund umgeschaut. Sie hätte auf Empfehlung eines Bekannten besonders nach einem Pudel Ausschau gehalten und auch schnell eine Züchterin gefunden, die gerade Hunde zur Abgabe hatte. Linda, eine sechs Monate alte Königspudel-Hündin habe ihr gut gefallen. Sie und die Züchterin hätten sich schnell auf einen Preis geeinigt und dann sei sie gleich losgefahren, um Linda abzuholen.

Nun würde sich die Hündin aber merkwürdig verhalten. Zwar sei sie nett zu Malte und zu ihr, die Haushälterin und die Hausaufgabenhilfe würde die Hündin aber „belästigen". Auf Nachfrage erfuhr ich, dass der Hund beide Frauen mehrfach bedroht, ein paar Angriffe gestartet und die Haushälterin dabei verletzt hatte. Es war also ernst. Ich ließ mir noch die Webadresse der Züchterin geben und verabredete mich mit Frau Schmiddendorf eine Stunde später bei ihr zu Hause, um mir die Hündin einmal anzusehen.

Für unser Zusammentreffen hatte ich Frau Schmiddendorf einen streng einzuhaltenden Fahrplan gegeben:

„Bitte leinen Sie Linda an. Öffnen Sie die Tür und bleiben Sie dort mit dem Hund stehen. Lassen Sie die Hündin nicht zu mir kommen. Bitte wundern Sie sich nicht, ich werde mich auf verschiedene Arten und Weisen verhalten. Ich möchte sehen, wie Linda darauf reagiert."

Als ich dort ankam, tat Frau Schmiddendorf alles so, wie besprochen. Linda sah mich und eskalierte. Ich ging ein Stück zurück, drehte mich seitlich und ging in die Hocke, um ihr die Möglichkeit zu geben, sich zu beruhigen.

Bereits ein Blick auf die Homepage der Züchterin hatte mich das Schlimmste vermuten lassen. Sie züchtete mit Pudeln aus allen Größenkategorien. Man konnte sich viele Welpenbilder ansehen, aber manche Fotos tauchten bei unterschiedlichen Würfen mehrmals auf. Der Verein, nach dessen Regeln diese Frau züchtete, beherbergte neben Pudelzuchten auch Zuchten für Dackel, Möpse, English Bulldogs und noch weitere Rassen. Das würde ein seriöser Rassezuchtverein nicht zulassen.

Mir genügte ein Blick auf die tobende Linda, um zu sehen, dass sie viel älter als sechs Monate war. Sie war ein ausgewachsener Königspudel, ich schätzte sie auf etwa eineinhalb Jahre. Sie war auch kein weißer Pudel, wie es in den „Papieren" ausgewiesen war, sondern hatte apricotfarbenes Fell. Ob sie schon einmal einen Wurf gehabt hatte, konnte ich nicht sagen, das Gesäuge sah eigentlich ganz gut aus. Ich vermutete, dass die Hündin leer geblieben war und deshalb den Hof hatte verlassen müssen. Was nicht wirft, wird nicht gefüttert.

Frau Schmiddendorf war verärgert über den Betrug, meinte aber: „Nun ist sie schon mal hier. Können wir sie zum Diabetikerhund machen?" Wir verbrachten jetzt den ganzen Nachmittag zusammen. Wir suchten unterschiedliche Örtlichkeiten auf, ich versuchte eine erste Kontaktaufnahme und ein paar leichte Übungen. Am Ende des Nachmittags hatte ich schlechte Nachrichten für die Familie Schmiddendorf. Ich sah eine Hündin in körperlich schlechtem Zustand, die zutiefst verunsichert und ängstlich war und die von Menschen vorher wahrscheinlich noch nicht viel Gutes erfahren hatte. Linda war mit den simpelsten Alltäglichkeiten überfordert. Ob Straßengeräusche, andere Menschen, andere Hunde, Lichtreflexionen, Haushaltsgeräusche, auch wenn sie leise waren, Linda rastete bei jeder erdenklichen Kleinigkeit aus und wurde dann aggressiv. Ihre Angriffe waren ernst zu nehmen.

Linda war eine Aufgabe für erfahrene Hundemenschen mit viel Zeit und Geduld, aber kein potentieller Assistenzhund. Man könnte sicherlich viel mit ihr erarbeiten, aber ich war mir sicher, sie würde ein ängstlicher Hund bleiben. Diese Hündin mit in die Schule, zu vielen anderen Kindern, mitzunehmen, davon konnte ich nur dringend abraten. Damit wäre Linda überfordert. Die Möglichkeit, dass Kinder verletzt werden könnten, war relativ groß. Es tat mir sehr leid für Malte und seine Mutter, aber meiner Meinung nach musste der Hund in ein anderes Zuhause.

Wie ich später erfuhr, hatte Frau Schmiddendorf sich einen Anwalt genommen. Sie hat ihr Geld erfolgreich eingeklagt und Linda ist über einen Tierschutzverein auf eine gute Pflegestelle gekommen. Ein halbes Jahr später rief sie wieder an und verabredete sich für Trainingsstunden mit mir. Cecil, ein kleiner Cocker-Spaniel-Welpe war bei ihnen eingezogen. Mit viel Fleiß und Einsatz absolvierten Malte, Cecil und seine Mutter die Grundausbildung bei mir, um dann später die Ausbildung zum Diabetikerwarnhund in einer darauf spezialisierten Hundeschule fortzuführen.

KAPITEL 5

EXPERTENRAT UND ZÜCHTERWISSEN - TANZ AUF EINEM MINENFELD

Buchstabe für Buchstabe forstete ich das ganze Alphabet im Rasselexikon des VDH durch. Ich fand Rassen, von denen ich noch nie etwas gehört hatte, wie den Aïdi aus Marokko, den Danish-Swedish Farmdog oder den ungarischen Mudi. Sie kamen für uns nicht infrage, aber ich fand es trotzdem sehr interessant, über sie zu lesen.

Philipp, mein Mann, hatte offenbar ein Herz für Teddybären. Er schwärmte für Berner Sennenhunde, Neufundländer und Landseers. Sie kamen in die engere Wahl und ich muss gestehen, nicht nur um Philipp bei Laune zu halten. Ich selbst blieb aber immer wieder bei den unterschiedlichen Jagdhunderassen hängen. Einige von ihnen, zum Beispiel viele der französischen Jagdhundrassen, strich ich von der Liste, weil sie bei uns in Deutschland nicht gezüchtet wurden. Andere wiederum, so wie der Deutsch Drahthaar, wurden wegen ihrer außergewöhnlich großen Jagdpassion nur in Jägerhände abgegeben. Denn wenn, so las ich, so ein Hund seine jagdlichen Anlagen nicht ausarbeiten konnte, hätte man mit ihm als purem Familienhund kein Vergnügen.

Am Ende war noch eine relativ große Gruppe von Hunderassen übrig, die ich für mich in Erwägung zog. Auch sie kamen auf die Wunschliste. Da waren die Setter, die Retriever, ein paar Spanielrassen. Ich schaute mich in den Züchterlisten der infrage kommenden Rassen um. Gab es Züchter in der Nähe? Ich wollte den Wurf unbedingt besuchen können. Wenn ich daran dachte, dass ich meinem Hund beim Aufwachsen zuschauen könnte, machte mein Herz einen kleinen Freudensprung.

Beim Studieren der einzelnen Rasseporträts fiel mir aber erneut auf, dass sich auch hier Formulierungen wiederholten. Alle Rassen auf meiner Wunschliste wurden als kinderfreundlich, familienbezogen, lebhaft, intelligent, großmütig und ohne Neigung zu Aggressivität beschrieben.

Rassebeschreibungen sollten wir mit Skepsis lesen, so wie wir es mit Reiseprospekten machen. Die wichtigen Informationen findet man zwischen den Zeilen. Die Begriffe sind interpretierbar. Wird einer Rasse eine „ausgezeichnete Nase" zugeschrieben, bedeutet das nicht, dass euer kultivierter Hund euren Lieblingswein auf einer Weinverköstigung beurteilen möchte: „Oh, ein Barrique mit leichtem Vanillegeschmack und einer weichen Pfirsichnote im Abgang. Mon Dieu, delicieux, wuff, wuff!"

Die „gute Nase" könnte bedeuten, dass ihr einen passionierten Jagdhund an der Leine führt, für den die Jagd beginnt, wenn sich die Haustür öffnet. Möglicherweise bekommt ihr einen Hund, der seine Nase in jedes Erdloch steckt, das euch auf eurer Runde begegnet. Vielleicht habt ihr Schwierigkeiten, euren Hund unter Kontrolle zu halten, weil er euch in der Sekunde abschreibt, in der er ein Reh, ein Kaninchen, einen Vogel, oder auch einen anderen Hund zu Gesicht bekommt.

Einem von Philipps Lieblingen, dem Berner Sennenhund, bescheinigt das Rasselexikon „ein von Selbstsicherheit geprägtes Wesen" und „Wachsamkeit". Eine interessante Kombination und vielerorts gewünscht. Aus Menschensicht ein Hund, der Sicherheit garantiert und mit dem man Kuscheln am Kaminfeuer und Geborgenheit verbindet. Jedenfalls, wenn man es positiv sehen möchte.

Genau diese Eigenschaften haben bei einigen meiner Kunden aber schon zu größeren Irritationen geführt. Carlos zum Beispiel wohnte bei Familie Schmitz in einem kleinen Reihenhaus in meinem Vorort. Er war ein sehr verspielter, drei Jahre alter Rüde. Er liebte seine Familie, insbesondere Frauchen und die zwei fast schon erwachsenen Töchter. Wenn dann am Abend noch der „Chef" nach Hause kam, war seine Welt komplett. Mehr hätte Carlos zum Glücklichsein nicht gebraucht.

Insbesondere benötigte er keinen Besuch. Jeden Besucher empfand er als Störenfried, das galt zuerst auch für mich. Letztlich haben wir aber zueinandergefunden. Unangenehm wurde es, wenn Freunde und Familie zu Besuch kamen. Alle „fremden" Personen wurden von ihm engmaschig überwacht. Stand einer der Gäste auf, weil er die Gästetoilette besuchen wollte, begleitete Carlos diesen Menschen zum Klo. Dabei ging er, wie ein Bodygard, dicht an dessen linker Seite, sodass die Zwei Körperkontakt hatten. So konnte er vermeiden, dass der Gast auf dem Weg noch einen unerlaubten Abstecher in andere Räume machte.

Der Gast durfte die Vier-Quadratmeter-Nasszelle betreten und die Tür schließen. Und jetzt wurde es spannend. Glaubt mir bitte, wenn es niemandem aufgefallen wäre, dass Gast XY noch immer abgängig war, dann säße er wohl noch heute auf der Gästetoilette der Schmitzens. Carlos spielte den Türstopper, nur in die falsche Richtung. Er hatte sich hingelegt und seinen massigen 70-Kilo-Körper nämlich so nah an der Toilettentür geparkt, dass kein Blatt Papier mehr dazwischen passte. Vorsichtige Versuche, die Tür aufzuschieben, quittierte er mit einem eindrucksvollen Knurren, so dass der „Inhaftierte" sein Vorhaben lieber aufgab.

Die Hausherrin wies daraufhin ihre Gäste an, ihr Handy mit auf die Toilette zu nehmen und nach verrichtetem Geschäft kurz im Garten anzurufen. Ein Familienmitglied würde kommen und den Gast dann zurück in den Garten eskortieren. Obwohl er sonst sehr gelehrig war, konnten wir Carlos nicht davon überzeugen, von seinem Verhalten abzuweichen, denn er war wachsam und hatte ein von Selbstsicherheit geprägtes Wesen. Aus seiner Sicht machte er seinen Job. Erst wenn jemand sich dieses Jobs annahm, konnte er entspannen und den Gast aus der Geiselhaft entlassen.

Bei Familie Kunert zeigte sich die Wachsamkeit ihrer Berner Sennenhündin Klara auf andere Art. Sie freute sich über Besuch, spielte ungezwungen mit den Kindern und die übrigen Besucher durften sich auf dem Gelände ihres Zuhauses frei bewegen, solange ... tja, solange sie nichts essen wollten. Frau Kunert liebte es, Grillpartys in ihrem Garten zu veranstalten. Herr Kunert bediente den großen Gasgrill, während seine Söhne den Gartentisch zum Buffet umbauten. Nach und nach drapierte Frau Kunert Teller, Besteck, Gläser und Servietten auf dem Tisch. Dann trudelten die Gäste ein.

Alles schien entspannt, auch Klara war gut drauf. Dann trugen die Söhne die Salate in den Garten und stellten die Schüsseln auf das vorbereitete Buffet. Klara hob den Kopf und beobachtete das Geschehen sehr aufmerksam. Herr Kunert hatte die ersten Koteletts und Würstchen fertig gegrillt, legte sie auf eine große Fleischplatte und brachte sie auf den Tisch. Daraufhin stand Klara auf, ging zielstrebig zum Buffet und legte sich quer davor. Wer zum Essen gelangen wollte, musste irgendwie an ihr vorbei. Sie wachte über die Essensvorräte ihrer Leute, wie eine Sphinx am Pharaonengrab. Versuchte jemand vorbeizukommen, drehte sie den Kopf und knurrte: „Finger weg von unserer Beute, wenn dir deine Extremitäten am Herzen liegen.“ Man musste kein Hundekenner sein, um sie zu verstehen.

Klara hatte offensichtlich nicht vor, diese vielen fremden Menschen an den Essensvorräten ihrer Familie partizipieren zu lassen. Füllte Frau Kunert die Teller auf und reichte sie an einen Gast weiter, ließ Klara das geschehen. Sie war offenbar nur gegen das Prinzip der Selbstbedienung. Mir brachte Klaras Verhalten drei bezahlte Grillpartys mit sehr viel leckerem Essen ein, bis wir die Hündin davon überzeugt hatten, dass ihre Leute nicht verhungern würden, wenn sie die Gäste unbehelligt zugreifen lassen würde.

Die im Rasselexikon des VDH beschriebenen Charaktereigenschaften können sich also von Rasse zu Rasse auf ganz unterschiedliche Arten zeigen, aber auch innerhalb der einzelnen Rassen gibt es zahlreiche, individuelle Ausformungen.

Man darf nicht vergessen, dass die Rassebeschreibungen beim VDH zwar zutreffend sind, aber auf Erfahrungen von Menschen beruhen, deren Freizeitleben weitgehend von der Hundezucht und allem, was damit zu tun hat, ausgefüllt sind. Ein Züchterleben ist aber mit einem durchschnittlichen Familienleben nicht vergleichbar.

Auf den Websites der Züchter sah ich, dass viele mit vier oder fünf Zuchthunden zusammenlebten, las von Ausstellungen, Agility, Obedience, von Dummy-Prüfungen und Field Trials. Mal abgesehen davon, dass ich mir damals unter vielen Begriffen noch nichts vorstellen konnte, sah ich mich zu dem Zeitpunkt nicht im Hundesport. Ich wollte einen Hund für die Familie, einen Begleiter für lange Spaziergänge und Ausflüge.

Ich rief auch ein paar Züchter an, um Erkundigungen einzuziehen. Die Gespräche verliefen, sagen wir mal variantenreich. Vom wortkargen Brummbär, „Nö, wir haben keine Welpen, tschüss", bis zur aufgedrehten Cheerleaderin, „Unsere Lisa ist eine tolle Hündin, sie ist gerade trächtig, vielleicht ist ihr Hund ja dabei, das werden Top-Welpen, der Vater ist ein vierfacher Champion ...", war alles dabei. Natürlich gab es auch viele Telefonate, die gut liefen und bei denen ich im Gespräch Informationen bekam, mit denen ich etwas anfangen konnte.

Was ich damals noch nicht wusste, war, dass es Fragen gibt, die man im ersten Gespräch erst einmal zurückstellen sollte. Hier kommt also der wichtigste Tipp aus meinem How-to-survive-a-Züchtergespräch-Ratgeber. Fragt niemals, niemals sofort nach dem Preis des Welpen. Das ist ganz dünnes Eis, auf das ihr euch da begebt. Tut ihr es doch, bevor euer Züchter euch kennenlernen konnte, könnte das zu Missverständnissen führen.

Missverständnisse entstehen durch fehlerhafte Signalübertragungen vom Sender zum Empfänger. In der klassischen Kommunikationsforschung spricht man von Störfaktoren wie Geräuschkulissen und Sichtbehinderungen.

Im Verhältnis vom Welpenkäufer zum Züchter sind es ungefilterte Emotionen, die von schlechten Erfahrungen und überzogenen Wünschen, auf beiden Seiten, geleitet werden.

Euch erscheint diese Frage nach dem Geld vielleicht logisch, weil man sich als Durchschnittsmensch ja nur kauft, was man sich auch leisten kann. Viele Züchter verstehen die Frage aber als Kritik. Ihr sagt „Was kostet der Hund", der Züchter versteht aber,

„Der Hund ist zu teuer“, „Dein Welpe ist das nicht wert“ oder „Du willst doch bloß das große Geschäft machen“.

Als ich später einmal mit befreundeten Züchtern über dieses Thema gesprochen habe, war ich erstaunt über ihre Geschichten. Eine Züchterin erzählte, dass sie einen Anruf bekommen hatte, in dem der Anrufer versucht hatte, den Welpenpreis nach unten zu drücken. Sie habe ihm erklären wollen, warum der Preis angemessen sei, aber er habe angefangen, um „seinen Rüden“ zu feilschen, wie um eine handgeklöppelte Kupfervase, auf einem marokkanischen Basar.

Eine Zuchtkollegin berichtete mir von einer Frau, die ernsthaft angefragt hatte, ob sie den Welpen vielleicht erst nur probeweise mit nach Hause nehmen könne. Man wisse ja noch gar nicht, ob die Chemie stimmen würde. Man stelle sich das mal vor. Das wäre ja so, als hätte ich damals am letzten Tag auf der Entbindungsstation um Bedenkzeit gebeten, weil Finja immer so viele Blähungen gehabt hatte. Und Gott weiß, wie nah ich manchmal an dem Punkt gewesen bin, aber auf schreiende Kinder und pupsende Welpen lässt man sich eben ganz, oder gar nicht ein. Leihgaben gibt es nicht.

Jeder Züchter, den ich kenne, weiß von solchen Geschichten zu erzählen. Daher sind sie halt manchmal etwas empfindlich und dafür habe ich Verständnis. Denn wenn sie die Welpen in ihr neues Zuhause ziehen lassen, haben die Zuchtfamilien in der Regel acht arbeitsreiche Wochen hinter sich. Hundeanfänger haben oft eine sehr romantische Vorstellung davon, wie die Welpenaufzucht funktioniert. Jeden Tag durch ein Meer von Hundebabys waten, die niedlichen Kleinen streicheln, mit ihnen spielen und kuscheln, wie wunderbar. Die Realität sieht aber anders aus.

Natürlich genießen die Züchter das Zusammensein mit ihrem Hundenachwuchs, aber das Einzige, durch das sie hindurch waten sind die Exkremente von durchschnittlich sieben bis elf Welpen und das mehrmals täglich, ohne feste Toilettenzeiten. Welpen rauben ihnen acht Wochen lang den Schlaf. Sie sind in dieser Zeit ständig besorgt um die Gesundheit der Kleinen. Man darf nicht vergessen, dass Züchten ein Hobby ist und die Züchter auch noch einen Brotjob zu erledigen haben. Die meisten von ihnen müssen ihren gesamten Jahresurlaub opfern, um das machen zu können.

Ein guter Züchter achtet darauf, dass die Babys in ihren ersten acht Wochen schon eine Menge kennenlernen.

Er macht mit ihnen die erste Autofahrt, geht mit ihnen an den Strand oder in den Wald. Sie laden ein paar Kinder zu sich zum Spielen ein, damit die Welpen frühzeitig mitbekommen, dass sie nicht die einzigen Wesen sind, die kräftig auf den Putz hauen können. Bei ihm bekommen sie ihre erste Portion Rinderhack oder Pansen und eine ausgezeichnete tierärztliche Versorgung.

Der Züchter sorgt dafür, dass jeder Welpe seine Impfungen und einen Impfausweis bekommt. Ahnentafel und Vereinspapiere sind eine Selbstverständlichkeit. Die bekommt der neue Besitzer, wenn er sein neues Haustier abholt, fein zusammengepackt in einem Welpen-Paket. Oft sind auch noch kleine Geschenke dabei, wie eine Leine, ein Spielzeug, eine Decke oder Futter für die nächsten Tage. Alles das kostet eine Menge Energie und auch Geld. Es gibt also viele Faktoren, die in den Welpen-Preis einfließen. Also nehmt den Preis hin. Ihr bekommt einen liebevoll aufgezogenen Hund dafür.

Trotz allem Verständnis würde ich mir von manchem Züchter etwas mehr Toleranz gegenüber Hundeanfängern wünschen. Nicht jeder Hundehalter möchte Sonntag für Sonntag auf dem Hundeplatz stehen. Ich zum Beispiel hatte das überhaupt nicht auf meiner Agenda. Ich wollte meinen Hund anständig erziehen und dann sollte er einfach in meiner Familie leben. Punkt, auch das ist ein schönes Hundeleben. Damals wusste ich ja noch nicht, wie sehr ich da auf dem Holzweg gewesen war.

Die Gespräche, die ich mit Züchtern führte, brachten mich nicht wirklich weiter. Man spürte die Routine, die hinter ihren Ausführungen stand. Dieses Das-machen-wir-seit-20-Jahren-so bewegte sich auf einem Erfahrungslevel, den ich als Hundeanfänger noch gar nicht haben konnte.

An diesem Punkt angekommen, konnte ich mich weder für einen Züchter entscheiden, noch konnte ich mich auf eine, auf meiner Liste übriggebliebene, Hunderasse festlegen.

KAPITEL 6

FELDSTUDIE, I DID IT MY WAY

Ratlos saß ich an meinem Küchentisch und knabberte lustlos an meinem Knäckebrot herum. Ich musste mich bald einmal für eine Hunderasse entscheiden. Philipp hatte sich inzwischen bequem zurückgelehnt und hoffte wohl, dass sich das Thema Hund, so kompliziert, wie es gelaufen war, von selbst erledigen würde. Ich gönnte ihm die kleine Verschnaufpause und ließ ihn in dem Glauben. Das verschaffte mir etwas Luft für neue Pläne.

Eines Tages schoss mir ein Gedanke durch den Kopf. Warum frage ich nicht Menschen, die mal in der gleichen Situation gewesen waren wie ich. Familien, die sich einen Hund angeschafft hatten und nun schon länger mit ihm zusammenlebten? Wer, wenn nicht sie, können mir besser erzählen wie das Zusammenleben mit einem Retriever, Spaniel oder Setter ist. Das waren die Erfahrungswerte, auf die ich zurückgreifen wollte. Denn keiner kennt seine Racker besser als Mutti, oder?

Bruni, meine Nachbarin, hatte einen Golden Retriever, sie wusste bestimmt, wo ich möglichst viele Hundeleute auf einem Fleck beobachten und treffen konnte. Nun hätte ich Bruni ja auch fragen können, wie es sich mit einem Golden Retriever so lebt. Ehrlich gesagt war ich mir damals nicht ganz sicher, ob sie ihren Athos unter Kontrolle hatte. Er war ihr fünfter Hund. Vor Athos hatte sie einen Berner Sennenhund namens Porthos und davor einen Schäferhund, den sie ... ratet ... Aramis genannt hatte.

Alle diese Hunde hatten in unserer Gegend einen Ruf wie Donnerhall. Es waren immer große Rüden, die grundsätzlich unangeleint ihre Runden liefen, manchmal leider auch ohne Bruni. Denn so schnell war sie nicht mehr. Wenn man den Ausführungen meiner Nachbarn Glauben schenken konnte, waren Brunis Hunde, was ihr Verhalten betrifft, eine wilde Mischung aus Hells Angels und dem unglaublichen Hulk gewesen.

Mir hatte man geraten, einen großen Bogen um Athos zu machen, er sei instabil, genauso wie es Porthos, Aramis und deren Vorgänger Jupp und Sepp, die sie nach Fußball-Bundestrainern benannt hatte, gewesen waren. Was immer man darunter verstand, ich war vorsichtig, ohne genau zu wissen warum. Später, als mein Rüde schon bei uns lebte, sollte mir noch klar werden, was alle anderen damit gemeint hatten. Aber das werde ich euch später noch erzählen.

Also fragte ich Bruni nur nach einem Platz aus, wo ich Gleichgesinnte treffen konnte.

„Na, wir haben doch diese Freilaufwiese in der Schemmannstraße, da wo nebenan der Kinderspielplatz ist. Da geh mal hin“, sagte sie zu mir. Neben dem Spielplatz lagen die Futterweiden von Bauer Vogelsang. Nachdem er die Wiesen abgemäht hatte, durften die Hundeleute das Gelände für ein paar Monate nutzen. Jeder, der dort mit seinem Hund hinging, zahlte einen vierteljährlichen Obolus von fünf Euro und dafür hielt der Landwirt die Zäune und die Fläche instand.

Eines Morgens war es dann soweit. Ich stand vor „meiner“ Hundewiese, das Herz klopfte mir bis zum Hals. Ich ging über die kleine Brücke, die über den Bachlauf führte, der die Wiese durchzog und betrat das Paradies. Im ersten Moment war ich überwältigt. Wie viele Hunde waren das? Ich fühlte mich ähnlich enthusiasmiert wie Loriot im Film „Papa ante Portas“, als er frisch pensioniert zum ersten Mal allein im Supermarkt einkaufen war. Während zwei Australian Shepherds um meine Füße herumtobten, atmete ich tief ein und war kurz davor, „Guten Tag, ich heiße Birgit Jaklitsch und ich kaufe hier ein“, quer übers Gelände zu skandieren.

Meine Feldforschungen begannen. Nach kurzer Zeit kannte man mich schon. SIE ist wieder da, die Wiesenstalkerin ohne Hund. Ich hatte mich inzwischen mit vielen Menschen über ihre Lieblinge unterhalten. Darunter waren Collie-, Spaniel- und Setterhalter. Ich hatte mich aber inzwischen total auf die Retrieverrassen eingeschossen. Die Entscheidung war gefallen. Wohl wissend, dass Philipp sich einen Hund braunbärartigen Ausmaßes wünschte, wusste ich, dass am Ende entweder ein Golden, ein Labrador oder ein Flat Coated Retriever bei uns einziehen würde.

Jetzt war es Zeit, Philipp ins Boot zu holen. Doch wie sollte ich ihm klar machen, dass mir ein Neufundländer oder Landseer für den Anfang zu groß war. Ich ließ es einfach darauf ankommen. Diese Hunderassen hatte ich auf meiner Wiese noch nicht gesehen, also was sollte schon geschehen. Philipp und ich, mein Gatte immer noch etwas unwillig, fuhren also in die Schemmannstraße und gingen auf die Hundewiese.

Weil Karma eine Bitch ist, schickte uns das Universum an diesem Tag einen Neufundländerwelpen auf die Hundewiese. Gerade waren wir über die Brücke gegangen, da schoss ein braunes, wadenhohes Knäuel geballte Lebensfreude auf meinen Mann zu. Wenn ich jemals so etwas wie Liebe auf den ersten Blick beobachten durfte, dann war es der Moment, als mein Mann den Neufundländerwelpen entdeckte.

„JawasbistdudennfüreinSüßer“, säuselte mein sonst so sachlicher Mann. Philipp sank auf die Knie, breitete seine Arme aus und ließ den Kleinen in seine Arme springen. Ich lächelte der Besitzerin unsicher zu und sagte: „Mein Mann will nur mal Hallo sagen.“ Sie lächelte zurück und zuckte mit den Schultern, ihren prüfenden Blick auf meinen merkwürdig agierenden Gatten geheftet, für den die Welt um ihn herum gerade in ein bodenloses Nichts versunken war.

Er herzte den unbekannten Welpen und wimmerte unverständliche Phrasen vor sich hin „Knutschibär ... wieheißtdudenn ...“ „Fredo“, antwortete die Besitzerin trocken und grinste. „Bissduderfreeeedoooo?“, fragte mein Mann den Kleinen. Fassungslos sah ich Fredos sehr geduldiges Frauchen an und stotterte: „Das hat er wirklich noch nie gemacht.“ Sie grinste und entgegnete: „Den Satz hört man ziemlich oft, wenn man einen Hund hat.“ Daran musste ich später noch häufig denken.

Mein Mann begann ein Gespräch mit Fredos Frauchen. Wo sie Fredo denn her hätte, fragte er sie, wie viele Welpen denn der Wurf gehabt hätte und ob da eventuell noch Welpen ein Zuhause suchen würden. Ein halbes Jahr lang hat sich der Mann mit Händen und Füßen geweigert, sich mit dem Thema Hund zu beschäftigen und sich aus allem rausgehalten und jetzt plötzlich benimmt er sich aus dem Stand, wie irgend so ein Profikäufer. Mir brach der kalte Schweiß aus, Philipp war nicht zu bremsen. Er nötigte die arme Frau, ihr Handy nach den Kontaktdaten der Züchterin zu durchforsten. Dann ließ er sich die Daten zuschicken.

Nach unserer Verabschiedung suchte ich das Weite und sah ich mich in Gedanken schon einen VW Bus kaufen, weil ein Neufundländer die Kapazitäten unseres alten Kombis gesprengt hätte, es sei denn wir würden ohne Gepäck reisen. Philipp schlug vor, dass wir nun getrennt weitersuchen sollten. Mein Mann hatte Blut geleckt, er würde schon die passende Rasse für uns finden, merkte er an. Voller Zuversicht und von Wissen vollkommen unbelastet, drehte er sich um und steuerte zielgerichtet auf einen großen Weimaraner zu. Ich seufzte leise, das konnte ja was werden.

Ich hatte inzwischen eine kleine Gruppe Flat Coated Retriever entdeckt und sprach deren Besitzer an: „Entschuldigen Sie bitte, dass ich Sie einfach anspreche, aber ich bin interessiert an einem Flat und wollte Sie mal fragen, ob es irgendwelche Besonderheiten gibt, die man kennen müsste, wenn man mit einem Flat zusammenleben möchte." Eine Frau, die sich mir später als Renate vorstellte, antwortete: „Ach, das ist ja mal ungewöhnlich, dass sich jemand vorher auf diese Weise erkundigt. Die meisten sehen die Welpenbilder und wollen dann sofort einen davon haben." Dann drehte Renate den Spieß einfach um. Sie fing an, mir eine Reihe von Fragen zu stellen. Sie wollte einfach alles wissen, wie wir wohnten, wie viel Kinder ich hatte und wie alt diese wären, warum ich einen Hund haben wollte und so weiter ...

Anfangs kam mir ihr Interesse merkwürdig vor, schließlich waren wir uns ja fremd, aber dann erzählte sie, dass sie Flat Coated Retriever züchten würde. Sie ging dann einfach zum Du über und fragte: „Wie bist du denn auf unsere Rasse gekommen?" Ich erzählte ihr die ganze Geschichte und gab auch gleich ehrlich zu, dass ich gerne einen Retriever wollte, mir aber noch Informationen aus der Praxis fehlten, um mich endgültig zwischen Golden Retriever, Flats und Labradoren zu entscheiden.

„Mir gefällt, wie du da ran gehst. Ich mache dir ein Angebot", sagte Renate. Sie erklärte, dass sie in Stormarn eine Trainingsgruppe führen würde und lud mich dahin ein: „Du kannst vier Wochen kostenfrei bei uns mittrainieren. Wir haben alle sechs Retrieverrassen auf dem Platz. Wir treffen uns zweimal in der Woche. In der ersten Woche gebe ich dir eine Hündin von mir zum Trainieren. Danach organisiere ich für dich, dass du in diesen vier Wochen mit allen Retrieverrassen trainieren kannst, die dich interessieren."

Wow, was für ein Angebot. Ich griff mit beiden Händen zu. Drei Tage später stand ich mit Bella, einer mir vollkommen fremden Flat-Coated-Hündin zum Probetraining auf einem offiziellen Retriever-Trainingsplatz und fühlte mich großartig. Bella begrüßte mich auf Flatart. Sie sprang aus dem Stand locker 1,70 Meter in die Höhe und zog mir mit ihrer rosafarbenen Zunge eine Schleimspur quer übers Gesicht. Das war, so sagte mir Renate, eine Eigenheit der Flats, also, dass sie „Küsschen" geben würden. Damit müsse man irgendwie klarkommen, es sei sehr schwer weg zu erziehen.

Okay, dachte ich bei mir, auch wenn es schwer wäre, das müsste ich meinem Flat abgewöhnen. Selbst wenn Philipp oder die Mädchen das hinnehmen würden, meine Mutter würde sicher Stress deswegen bekommen. Und wenn meine Mutter Stress haben würde, dann bekäme ich ihn auch und das wiederum wollte ich auf gar keinen Fall. Auch wenn ich Bella mochte, sie war immer sehr aufgeregt, manchmal sogar überdreht, auch so eine Eigenschaft, die Renate der Rasse zuschrieb. Ich fragte mich, ob ich mich wohl fühlen würde mit einem Hund, der so viel Unruhe ins Haus bringen würde.

Mit dem Trainingsverlauf war ich ganz zufrieden. Inzwischen war ich in der Labrador-Woche angekommen. Ben, ein schwarzer

Labbi wurde mir zur Seite gestellt. Uiuiui, in diesem Rüden steckte Power. Aber es machte total viel Spaß, mit ihm zu trainieren. Er war sehr aufmerksam, insbesondere wenn ich Dummys für ihn auslegte. Dummy-Aufgaben löste er für sein Leben gern. Ein Labbi kam definitiv in Frage.

Als meine Mädchen mich auf dem Trainingsplatz begleitet hatten, stellte ich ihnen Ben einmal vor. Der Rüde gab wirklich alles, er kuschelte sich an die beiden, leckte ihre Hände und war ausgesprochen lieb. Trotzdem, so sagten sie zu mir, machte er ihnen ein bisschen Angst, hauptsächlich wegen der schwarzen Fellfarbe. Ich weiß, das ist Quatsch, aber damals war das für mich tatsächlich ein Grund, der in die Entscheidung einfloss.

In der letzten Woche waren die Golden Retriever dran. „Das ist Günter, Birgit", sagte Renate zu mir, „du trainierst mit seiner Hündin Paula." Ich begrüßte den Mann und beugte mich zu der etwa fünf Jahre alten Hündin herunter. Sie blickte mir tief in die Augen, und es war um mich geschehen. Paula ruhte in sich selbst. Sie wartete geduldig darauf, dass ich ihr einen Befehl gab und arbeitete mit Feuereifer mit mir zusammen. Sie stellte sich total auf mich ein, ich war im siebten Hundehimmel. Unsere kleinen Kuscheleinheiten zwischen den Aufgaben machten mich wahrscheinlich glücklicher als Paula. Dazu kam, dass Paula eine satte, dunkelgoldene Fellfarbe hatte. Das war genau mein Beuteschema. Genauso einen Golden wollte ich.

Am Ende der Trainingswochen setzte ich mich mit Renate und mit Hedwig, einer anderen Züchterin, zusammen. „Bitte nicht böse sein, aber ich möchte unbedingt einen Golden Retriever", begann ich unser Gespräch. Ich fuhr fort: „Ich habe das Gefühl, da stimmt einfach alles und fühlte mich mit Paula auch nicht überfordert." Gespannt sah ich die Frauen an. Ich hatte ein wenig Angst, dass sie sauer auf mich sein könnten, züchteten sie doch die anderen Rassen, aber ich hatte mich getäuscht. Sie unterstützten mich.

„Ein Golden ist ein idealer Anfängerhund, da machst du nichts falsch, Birgit", sagte Renate. „So und jetzt überlegen wir mal, welche unserer Züchter gerade einen Wurf erwarten“, ergänzte Hedwig. Sie fachsimpelten ein wenig über Blutlinien, Wesensmerkmale, meinen Wunsch nach der dunklen Fellfarbe bezogen sie in ihre Überlegungen mit ein. „Monika hat einen Wurf liegen. Ich weiß aber nicht, ob da noch ein Welpe frei ist“, sagte Hedwig. „Stimmt, aber sie hat ziemlich helle Golden“, sagte Renate.

„Wie wäre es denn mit Michael, dessen Hündin ist gerade trächtig. Ich weiß, dass er noch Welpenkäufer sucht. Die Mutterhündin sieht genauso aus, wie du es magst“, sagte Renate. Ich nickte und ließ mir die Adresse und die Telefonnummer des Züchters geben. „Ist aber Trial gezogen, die Hündin“, wandte Hedwig so ganz nebenbei ein. „Ja schon, aber der Vater ist Dual Purpose“, erwiderte Renate, „das geht schon.“ Ich verstand überhaupt nicht, worüber die beiden da sprachen. Wirklich hängengeblieben war von den letzten beiden Sätzen, nur „Das geht schon“. In diesem Moment war mir die wahrscheinlich wichtigste Information über meinen zukünftigen Hund durch die Lappen gegangen.

Kleiner Nachtrag: Philipp hatte tatsächlich bei der Neufundländer-Züchterin angerufen. Leider, leider, leider waren alle Welpen schon in ihr neues Zuhause gezogen. Die Züchterin wünschte ihm alles Gute bei der weiteren Suche und hinterließ mir einen traurigen Mann, den ich nur mit sehr viel Zitronenkuchen wieder aus der Trauerecke herausbekommen habe.

KAPITEL 7

WIMMELBILD MIT WELPEN

Auf dem alten Holztisch standen drei große Becher mit heißem Kaffee. In der Mitte wartete ein saftiger Apfelkuchen darauf, angeschnitten zu werden. Mir gegenüber saß Michael, ein baumlanger Kerl mit Schnauzbart. Vor ihm lagen zwei Ordner, ein Notizblock und ein paar Vereinszeitschriften. Micheal räusperte sich: „Ja, also ihr wollt einen Welpen kaufen, für die Kinder nehme ich an?“ „Also eigentlich wollte ich den Hund in erster Linie für mich“, antwortete ich. Natürlich sollten die Kinder auch ihre Freude an ihm haben, setzte ich gleich nach, schließlich wollte ich nicht als Rabenmutter dastehen.

„Hmmm, soso...“, brummelte Michael in seinen Bart und machte sich ein paar Notizen. Bis jetzt hatten Philipp und ich noch keinen einzigen Hund zu Gesicht bekommen. Finja und Linnea langweilten sich und starrten demonstrativ auf den Apfelkuchen. Michael zog den roten Ordner zu sich und begann zu erklären, wie ein Stammbaum aufgebaut ist, von welchen Blutlinien seine Zuchthündin abstammte und erzählte auch ein bisschen über ihren Charakter. Begleitend dazu zeigte er uns die Ahnentafel seiner Hündin, deutete mit dem Finger auf eine leere Stelle und sagte: „Und da wird dein Hund mal eingetragen. In ihm steckt viel Trialblut, das ist schon besonders. Eine Ahnentafel bekommt ihr natürlich auch.“ Und auch hier ergriff ich die Gelegenheit nicht, einmal nachzufragen, was das Wort „Trialblut“ eigentlich in der Praxis bedeutete. Meine Seele tanzte auf dem Drahtseil der Grenzdebilität und hörte nur „etwas Besonderes“. Wow, toll! Hatte ich ein Glück ...

Michael schwärmte von dem Rüden Rico, der seine Hündin gedeckt hatte, erzählte mir etwas von HD und ED Werten: „Wenn euer Hund ein Jahr alt wird, würde ich euch bitten, mit mir zusammen zum Tierarzt zu gehen und seine Gelenke röntgen zu lassen. Wenn ich dann alle Ergebnisse der Welpen habe, schicke ich sie auf meine Kosten zum Gutachter und lasse sie auswerten.“

Obwohl ich wusste, dass unser Züchter sich vorbildlich verhielt, wurde ich langsam etwas ungeduldig. Ach Michael, dachte ich, sei doch einfach still und hol die Hunde rein, ICH.WILL.EINEN.WELPEN.MIT.DIR! Als ob er mich gehört hätte, was mir wirklich enorm peinlich gewesen wäre, stand Michael auf, öffnete die Tür zum Flur und eine Schar von Hunden flutete das Esszimmer. Ja, dachte ich, ja endlich. Zuerst kam Jeany ins Zimmer, sie führte das Rudel an. Sie ging auf jeden von uns zu und beschnupperte uns ausgiebig.

Ihr folgten Oskar, der Rüde von Michaels Frau Elisabeth und Sandy, die trächtige Hündin. Michael deutete mit seinem Finger auf Oskar und sagte: „Guck dir das genau an, Birgit. Sowas in der Art wird bald unter deinem Küchentisch liegen." Ich nickte und flüsterte: „Perfekt!"

Sandy kam zu mir, ich durfte ihren dicken Bauch streicheln. Nachdem sie auch Philipp und meine Mädchen begrüßt hatte, kam sie zurück und kuschelte sich zu mir. Ich platzte fast vor Stolz.

Wir hatten einen schönen Nachmittag bei Michael gehabt. Zum Abschied sagte er: „Wir verstehen uns ja gut, ich setze euch auf meine Interessentenliste. Eine Garantie ist das aber noch nicht. Wir müssen erst einmal schauen, wie viele Welpen Sandy wirft." Die nächsten Nächte träumte ich von flauschigen Welpen, die ich im Arm hielt. Ich schaute jeden Tag auf Michaels Website, um zu sehen, ob es etwas Neues gab.

Drei Wochen später klingelte das Telefon: „Äh ja, hier ist Michael. Sandy hat gestern Nacht neun gesunde Welpen geboren und dein Rüde ist dabei." Er erzählte ein wenig von der Geburt und wie toll Sandy das alles gemacht hatte. Dann machten wir einen Besuchstermin drei Wochen später aus. „Ihr könnt euch die Welpen dann ansehen. Anfassen bitte noch nicht", sagte Michael.

Das waren die längsten drei Wochen meines Lebens. Warten ist nun so gar nicht meine Kernkompetenz. Meine Ungeduld brauchte ein Ventil. Ich musste dringend etwas tun. Ich holte die Treppensicherung vom Dachboden. Sie hatte uns schon gute Dienste in den ersten Jahren, in denen Linnea und Finja unser Leben durcheinandergewirbelt hatten, geleistet und verhindert, dass sich meine beiden das Genick gebrochen hatten. Ich steckte die alten Kindersicherungen wieder zurück in die Steckdosen und entfernte schon mal jede überflüssige Dekoration aus Regalen und Fensterbänken, sofern sie sich auf Welpenhöhe befanden.

Als kleines Sahnetüpfelchen nach der harten Arbeit, ihr erratet es vielleicht, ging ich shoppen. Ich kaufte zwei Bälle (ja, ich weiß) für meinen Hund, einen großen Liegekorb aus Bast mit flauschigen Kissen als Schlafplatz und eine etwas überdimensionierte Kuschelente aus einem schwedischen Möbelhaus.

Dann schaute ich immer wieder mal im Internet nach, ob es eventuell eine schöne Hundeleine gab, auf deren Etikett stand „Birgit, dein Hund braucht mich". Nun, am Ende gab es diverse solche Leinen. Ich brauchte sie ganz dringend, alle. Habt ihr eigentlich eine Ahnung, wie viele toll designte Hundeleinen es gibt? Da konnte man schon mal schwach werden. Natürlich brauchte ich auch die passenden Halsbänder zu den Leinen, das wird doch wohl jeder verstehen.

„Wir kriegen aber doch nur einen Hund, oder?", fragte mich Philipp. Er sah etwas verstimmt aus. Ich bejahte das. Philipp weiter: „Aber so viele Leinen, das schöne Geld. Einfach so aus dem Fenster geworfen. Vielleicht können wir ein paar davon bei eBay verkaufen." Whoa, was dachte er sich eigentlich? Meine Leinen ... VERKAUFEN??? „Das kommt ja überhaupt nicht in Frage", antwortete ich, „muss ich dich erst daran erinnern, wie überteuert dein neues Mountainbike war?" Tja, das mit dem schlechten Gewissen erzeugen hatte ich auch drauf.

Aber Philipp gab noch nicht auf. „Das Ding hier zum Beispiel, wozu braucht man das?" „Das ist ein sogenannter Kurzführer du Ahnungsloser und den braucht man, wenn ... also, eben wenn ... also, wenn ich es herausgefunden habe, erfährst du es als Erster." So ging es mit jedem Stück, das ich gekauft hatte. Ich stand über meine Leinen gebeugt, jederzeit bereit einen unautorisierten Zugriff abzuwehren. Ich war der Leinen-Gollum: „Mein Schatz, mein Schaaatz. Eine Leine sie zu knechten, sie zu finden und ewig zu binden ..."

Am Ende der drei Wochen Wartezeit hatte ich die Selbsthilfegruppe der anonymen Leinenabhängigen gegründet. „Guten Tag, ich bin die Birgit, ich habe noch keinen Hund aber schon fünf ... ähm, acht oder vielleicht noch ein paar mehr Hundeleinen ... ich bin leinensüchtig." Übrigens ein Knick in der Biografie, den man nie mehr wieder loswird.

Am Ende habe ich fast keine meiner Superleinen für längere Zeit genutzt. Entweder deshalb, weil mein Hund sie durchgenagt hatte oder weil sie zu kurz, zu lang, zu breit oder zu schmal war. Insbesondere aber deshalb, weil ich ganz dringend etwas brauchte, dem ich die Schuld dafür geben konnte, dass mein Rüde nicht vernünftig an der Leine gehen wollte. Das Leinen-Alibi ... meine Erfindung, jawoll!

Dann war es endlich soweit. Vorsichtig schauten wir über den Rand der Wurfkiste. Und da lagen sie, neun Welpen, fünf Hündinnen und vier Rüden, knapp drei Wochen alt. „Mama, die sehen aus wie kleine Meerschweinchen", flüsterte mir Linnea enttäuscht zu. Ich nickte und wollte gerade antworten, da funkte mir Finja dazwischen und rief laut: „Da werden noch richtige Hunde draus, Linnea." Diplomaten sind in unserer Familie in jeder Generation vertreten.

Ich betrachtete die Welpen und sah dann, wie einer von ihnen langsam aber stetig auf seine Mutter zu robbte. „Das ist einer der Rüden", raunte mir Michael zu. Gebannt sah ich zu, wie sich dieser kleine Wicht, getrieben von Hunger, den Weg zu den Zitzen seiner Mutter bahnte. Er hatte dunkel goldenes Fell.

In den nächsten fünf Wochen waren wir regelmäßig zu Besuch beim Wurf. Bei jedem Besuch erklärte Michael uns unermüdlich, worauf es bei der Welpen Aufzucht ankommen würde. Ein intensiveres Briefing konnte man nicht erwarten.

Die Welpen waren inzwischen schon mobil geworden. Ich behielt meinen Favoriten im Blick, ganz heimlich, wie ich dachte.

„Der käme für dich in Frage. Er ist der ruhigste Rüde im

Wurf", sagte Michael und grinste. Ihm blieb also nichts verborgen. Michael deutete auf einen weiteren Rüden: „Den solltest du aber auch im Auge behalten, der könnte auch zu euch passen." Ich schaute auf den anderen Rüden, er hatte eine weiße Blesse auf der Stirn. Okay dachte ich, du bist mir zwar bisher nicht aufgefallen, aber dann zeig mir mal, wer du bist.

Genau das tat der Kleine Blessenrüde, den meine Tochter Finja inzwischen liebevoll Blessi nannte, bei der Verfütterung der ersten festen Nahrung, die er und seine Geschwister bekamen. Philipp hatte Blessi auf seiner linken Hand platziert. Der Rüde blieb dort ganz ruhig sitzen, und schmiegte sich an Philipps Brust. Er wartete geduldig, bis mein Mann ein wenig Hack, aus der vor ihm stehenden Glasschüssel genommen hatte, und es ihm vor die Nase hielt. Ganz vorsichtig schnupperte Blessi daran und fraß dann den kleinen Brocken. So futterte er die ganze Portion. Ganz ruhig und manierlich, ohne zu kleckern.

Ich hingegen hatte meinen dunkelgoldenen Favoriten auf dem Schoß, er wand sich wie ein Aal. Ich versuchte, ihn mit meiner linken Hand zu halten, so wie Philipp es getan hatte, was nur zeitweise, mit viel Mühe gelang. Als ich die Schüssel mit dem Hack vor mich stellte, hielt er kurz inne und sein Näschen vibrierte. Dann, ganz plötzlich, stürzte er sich Kopfüber in die Schüssel. Sein kleines Schnäuzchen vergrub sich tief in das Rinderhack. Ich konnte von oben nur noch seine Ohren erkennen. Bei alledem gab er Grunzlaute von sich, die dem 200-Kilo-Eber von Bauer Vogelsang alle Ehre gemacht hätten.

Mein Kleiner brauchte gefühlte fünf Sekunden und dann hatte er das Hack in der Schüssel verschlungen, ohne meine Hilfe. Danach seufzte er, schmiss sich und seine verschmierte Schnauze an mein T-Shirt und schlief auf der Stelle ein. An meinem T-Shirt, meinen Händen und Unterarmen und an dem Welpen klebten schmierige kleine Fleischbröckchen. Während Philipp und Blessi ein gesittetes, unfallfreies Diner for Two hinter sich gebracht hatten, sahen mein Favorit und ich aus, als hätte man uns gerade durch einen Industriefleischwolf gedreht.

Wenn man dort saß und die Welpen beobachtete, wie sie spielten, sich bei der Mutter ihre Milch abholten oder auch schon die ersten Konflikte untereinander ausfochten, war es, als schaute man auf ein Wimmelbild. Ähnlich wie bei den Wimmel-Kinderbüchern, war an jeder Ecke des Zimmers oder des Gartens etwas los. Man lief ständig Gefahr, etwas zu verpassen. Wenn ich nach zwei oder drei Stunden wieder zuhause auf meiner Couch saß, war ich total groggy. Ich freute mich schon darauf, dass es viel einfacher werden würde, wenn ich zuhause nur auf einen Welpen achten müsste ... so viel einfacher. An dieser Stelle darf gelacht werden.

KAPITEL 8

DER KLEINE KRIEGER

Namen sind Schall und Rauch, ließ schon Goethe seinen Faust sagen. Manchmal sind sie furchtbar unpassend und peinlich, genauso wie die Einmischungsversuche mancher Mitmenschen. Das sage ich. Wenn Namen zu vergeben sind für ein Kind oder auch für einen Hund, dann ist es meine Erfahrung, dass sich plötzlich Gott und der Rest der Welt dazu berufen fühlen, sich in den Findeprozess für den richtigen Namen einzumischen.

Das war schon bei meinen Töchtern so. Meine Mutter war da besonders hartnäckig. Bereits ihr erster Vorschlag hatte mich vor Zorn erbeben lassen. „Wie wäre es mit Doreen Emma Ludowiga? Das sind Namen aus unserer Familie. Nun ist es ja nur ein Mädchen geworden, aber ihr könnt ja trotzdem etwas für die Familientradition tun." Die danach folgende Auseinandersetzung über ihre Bemerkung, „NUR ein Mädchen", erspare ich euch hier. Am Ende sagte ich meiner Mutter, dass sie sich da bitte heraushalten solle. Die Namensgebung sei Sache der Eltern und nicht der Großeltern.

Meine Mutter scherte sich nicht um unsere Wünsche und so trudelten nach und nach Vorschläge wie Valencia, Kathleen, Evita und Miranda bei uns ein. Philipp und ich einigten uns auf eine Taktik. Wir sagten meiner Mutter, sie solle nicht wegen jeder Namensidee einzeln anrufen, sondern am Ende des Monats eine Liste bei uns abgeben. Sie hat das tatsächlich gemacht. Diese Listen haben manches Wochenende für viel Amüsement bei Philipp und mir gesorgt. Wir tauften Muttis Listen, die schwarzen Never-Ever-Listen.

Wenn unsere Töchter sich in den folgenden Jahren wieder einmal über ihre nordischen Vornamen bei uns beschwerten, zückten wir diese Listen und erinnerten sie daran, dass sie, wenn wir ihrer Oma nachgegeben hätten, mit dem Namen einer allseits beliebten Fassbrause und dem Vornamen der Ehefrau eines argentinischen Diktators leben müssten. Das half dann meistens.

Bei Hunden sind es andere Leute, die sich einmischen möchten. Da sind wie in unserem Fall auch, die Züchter. Sie führen ihren Zwinger unter einem selbstgewählten Namen und führen ihre Würfe alphabetisch auf, A-Wurf, B-Wurf und so weiter. Unser Wurf war der B-Wurf in Michaels Zwinger, das bedeutete die Zuchtnamen der Welpen mussten alle mit dem Buchstaben B anfangen. Michael überließ es seiner Frau, die Vornamen auszusuchen. Und Elisabeth entschied sich für franko-italienisch anmutende Vornamen wie Bellissima, Bellami, Belladonna, Benito, Blanche, Bijou und Balino. Balino sollte bei uns einziehen, er war mein dunkel goldener Favorit.

Allerdings fand ich, dass der Name gar nicht zu unserem Hund oder zu unserer Familie passte. Gott sei Dank war unser Züchter da sehr liberal, ihm war es egal, dass wir unseren Hund umtaufen wollten. Der Zuchtname blieb davon ja unberührt. Das habe ich in den folgenden Jahren auch schon anders erzählt bekommen. Ich weiß aus zwei oder drei Erzählungen von anderen Züchtern, die darauf bestanden, dass der Welpe bei seinem Zuchtnamen gerufen werden sollte. Manche übten richtig Druck aus, bis hin zu der Drohung, dass der Welpe anderenfalls an eine andere Familie weitergegeben werden würde.

So nachgiebig unser Züchter war, so unnachgiebig war meine „Lieblingsnachbarin", aus der Häuserreihe hinter uns. Meine Nachbarin, Frau Nörgel war eine Frau in den blühenden Siebzigern. Das drahtige Persönchen war etwa 1,60 groß. Ihre pechschwarz gefärbten Haare, trug sie seit den siebziger Jahren als schicke Ponyfrisur. Wenn sie redete, warf sie ihren Haarkranz keck nach hinten und erinnerte mich dabei ein wenig an die Sängerin Mireille Matthieu, den „Spatz von Avignon". Frau Nörgel wusste wirklich alles, was in unserer Siedlung so passierte. Und was sie nicht wusste, erfand sie.

Meine Nachbarin hasste Veränderungen. Insbesondere Veränderungen im Privatleben ihrer Nachbarn und auf deren Grundstücken, also Dinge, auf die sie keinen Einfluss nehmen konnte. Passierten sie doch, die Veränderungen, kam sie umgehend ihrer Chronistenpflicht nach und sorgte für eine schnelle Verbreitung der Breaking-News. Die Angelegenheiten anderer Leute wurden zu ihrer persönlichen Mission, sie mischte sich ein, immer unter dem Vorwand „Ich will doch nur helfen". So war es auch, als der Kleine bei uns eingezogen war.

Frau Nörgels Verhältnis zu Hunden würde ich folgendermaßen beschreiben:

Sie findet sie irgendwie ganz niedlich, diese Felldingse, solange sie leise sind, keinen Schmutz machen und nicht auf den Grünstreifen vor ihrem Panoramafenster schietern. Mit anderen Worten, seit unser Hund bei uns eingezogen war, hatten wir unser Konfliktpotential vervielfacht.

Ich erinnere mich noch gut an unsere erste Hunde-Begegnung. Frau Nörgel kam gemessenen Schrittes an meinen Bonanza-Zaun und fragte: „Wie heißt er denn?" Sie sagte das recht freudlos, ohne ihren starren Blick von dem Haufen abzuwenden, den mein Welpe gerade auf dem Grünstreifen vor ihrem Panoramafenster abgesetzt hatte. Dann sah sie mich an und lächelte kalt. Ich bekam sofort ein schlechtes Gewissen, wurde rot bis unter die Haarwurzel und stotterte: „Ähmmm, ich mache das natürlich sofort weg, äh sauber .... klinisch rein, wollte ich sagen, bestimmt."

Frau Nörgel setzt nach: „Und? Der Name..." „Also da sind wir uns in der Familie noch nicht einig", antwortete ich, während ich das Häufchen unter ihrem Fenster entfernte. „Wie, Sie haben sich nicht rechtzeitig um einen Namen gekümmert", tadelte Frau Nörgel mich. Ich fühlte mich augenblicklich wie eine Mutter, die ihr Kind sträflich vernachlässigt hatte. Und bevor sie hinter ihrer Hecke verschwand, sagte sie: „Na, WIR werden schon den richtigen Namen für den Kleinen finden. Ich denke mal drüber nach. Nero fände ich schön."

WIR? Hatte ich richtig gehört? Ich stand kurz vor einer Panikattacke. Frau Nörgel hatte ihre Söhne nämlich Horst Paris Nörgel und Jochen Hermes Nörgel genannt. Griechische Halbgötter als Paten für die Zweitnamen, das nenne ich mal ein Alleinstellungsmerkmal. Stellt Euch das mal auf Bewerbungsschreiben vor. Mein inneres Ooohhmmm schoss wilde Purzelbäume. Vor meinem inneren Auge sah ich mich immer wieder, wie ich kleinlaut an Frau Nörgels Haustür klingelte und zugeben musste, dass mein Kleiner namenlos war und Frau Nörgel gegen meinen Willen beschloss, dass der Kleine Nero heißen solle. Nein, das durfte nicht passieren!

Nero! Sie wollte meinem Flauschbärchen den Namen eines brandschatzenden, römischen Kaisers geben. Er hatte Rom in Brand setzen lassen, dieser arme Irre. Herrgott, Frau Nörgel es war doch nur ein ganz kleiner Hundehaufen ...

„Wir haben schon einige Namen, die in die engere Wahl kommen“, beeilte ich mich zu sagen. Was gelogen war, aber in der Not... Die Wahrheit war, wir kamen interfamiliär einfach nicht auf einen Nenner. Woran misst man das eigentlich, ob ein Name der Richtige für seinen eigenen Hund ist?

Dass sich die Namensfindung für unseren Hund, so schwierig gestalten könnte und dass plötzlich alle Familienmitglieder ein Wörtchen mitreden wollten, hatte ich nicht erwartet. Meine Familie, versorgte mich üblicherweise mit Bemerkungen wie: „Der Hund ist Dein Ding“, „nur, wenn Du das alleine machst“, „also ich geh’ nicht mit dem Hund, Mama“, „Birgit, das ist Dein Hobby, nicht meines“. Plötzlich, so ganz aus dem Nichts, mischten sich alle massiv ein.

Ich war damals voll auf dem Astrid-Lindgren-Trip. Meine Mädchen liebten es, wenn ich ihnen die Bücher der Autorin vorlas. Ein Hund in unserer Familie, das komplettierte das Wattebausch-Bild, das ich vor meinem inneren Auge entstehen ließ. Wenn nicht alle dagegen gewesen wären, hätte mein Rüde gute Chancen gehabt, den Namen eines dicken, lethargischen Bernhardiners zu bekommen. Heute muss ich ja zugeben, dass Filme wie „Ferien auf Saltkrokan“ nicht unbedingt die besten Influencer für die Namensfindung sind. Sonst würde mein Hund heute Bootsmann heißen und meine zweite Tochter Scrollan. Für beides, O-Ton zweite Tochter, hätte ich verhauen gehört und wäre wahrscheinlich eines Nachts auf nimmer Wiedersehen im Wald verschwunden. Danke dafür, Schatzi.

Dann dachte ich, Mensch, er ist doch ein Hamburger Jung', der braucht was typisch Hamburgisches. Also ließ ich meine Seele gedanklich durch den Hamburger Hafen schlendern, über die Kais an den Schiffen vorbei, dann lief ich mit meinem Hund am Elbestrand entlang. Wir ließen uns den Wind um die Ohren wehen und sahen den Bugwellen der Dampfer zu, wie sie am Sandstrand brachen. Smutje und Fiete kamen auf die Liste. Diese Vorschläge schickten orkanartige Böen in meine Paarbeziehung. Hatte ich schon erwähnt, dass mein Liebster Österreicher ist?

„Also, ICH stehe bestimmt nicht auf dem Weg und brülle laut Fiete in den Wald. Dann machst Du das alleine", sagte Philipp empört. Da ich gern vorausschauend plante, überschlug ich kurz meine Optionen. Der Hund, hat zirka 15 Lebensjahre im DNA-Code. Das ist eine verdammt lange Zeit. Solange alles allein machen, jeden Tag? Nein, die Aussicht war alles andere als attraktiv. Also kamen die plattdeutschen Namen wieder runter von der Liste.

Also, ich fasse mal zusammen: Ich musste einen Namen finden, der erstens österreichkompatibel war, zweitens meine Tochter nicht dazu veranlasste, mich hinterrücks zu meucheln, drittens keine Bullerbü-Bezüge aufwies und zu guter Letzt, viertens auch mir gefallen musste. Puhhh!!!

Punkt Zwei und Drei waren relativ leicht einzuhalten – Pelle, Kalle, Lasse – alles gestorben. Deal! Aber für Punkt Eins und Vier brauchten wir einen Rufnamen aus der neutralen „Namens-Schweiz". Der Gerechtigkeit halber strich ich ohne zu zögern auch Seppi, Seppl, und Michl von der Liste. Einen alpinen Bezug würde ich dann auch nicht dulden.

England oder Schottland, dachte ich ... ja, das könnte klappen und es würde auch irgendwie zu unserem, schon im Welpenalter etwas schrulligen Rüden passen. Also dachte ich an alte Leards, die Highlands, in denen ich als Teenager für kurze Zeit gelebt hatte, Tea at five und Rugby....

Fen war die Bezeichnung für die schottische Moorlandschaft. Das war es noch nicht ganz. Vielleicht Fergus, der Mann der Kraft. Oder Finnegan, nein das war leider ein irischer Name aber schon ziemlich gut. Finley, der „kleine, blonde, tapfere Krieger“. Ja, mein Bauch sagte mir, dass das passen könnte für meinen renitenten, süßen Fratz. Mein Herz wurde leicht, ich war glücklich. Es brauchte gar nicht so viel Überzeugungsarbeit, wir einigten uns schnell. Der kleine, tapfere Krieger hatte seinen Platz bei uns gefunden.

KAPITEL 9

DER RUHIGSTE RÜDE AUS DEM WURF

Als wir Finley bei unserem Züchter abholten, war das für alle ein sehr emotionaler Nachmittag. Elisabeth, Michaels Frau hatte es nicht ausgehalten, sich von den Welpen zu verabschieden und war zu ihrer Mutter gefahren. Michael selber war leichenblass, hielt sich aber noch ganz gut. Er hatte die Abholzeiten so getaktet, dass sich die Welpenfamilien nicht begegneten. So konnte er sich auf jeden einzelnen Abschied gleich gut konzentrieren.

Wieder saßen wir an seinem Esszimmertisch. Vor mir lag ein grüner Ordner. In diesem befanden sich der Kaufvertrag, der Impfpass, ein paar Unterlagen vom Zuchtverein. „So heute ist es nun soweit", sagte Michael, „ihr könnt mich immer anrufen, wenn ihr Fragen habt. Ich mache mir da aber keine Sorgen, ihr habt den ruhigsten Rüden aus dem Wurf bekommen." Michael bot für seine Welpenleute am Wochenende ein Training an. Das kam mir ganz gelegen. Zwar hatten wir in unserer Gegend ein paar Hundeschulen, aber welche davon war für uns geeignet? Ich kam mit Michael gut zurecht, also sagte ich zu. „Klar, da kommen wir auch."

Wir bekamen eine Retrieverleine von Michael geschenkt. Mit dieser Leine sollten wir unseren Hund trainieren. Dann war der Moment da, wir waren alle sehr aufgeregt. Michael nahm Finley noch einmal auf den Arm und drückte ihn an sich. Mit Tränen in seinen Augen übergab er mir meinen Hund. Ich setzte mich auf den Beifahrersitz und nahm Finley auf meinen Schoß. Wir hatten es nicht sehr weit, es waren nur knapp 15 Minuten Fahrt. Es konnte beginnen unser wundervolles, gemeinsames Leben.

Finley war von den ganzen Vorgängen nicht halb so begeistert wie wir. Er sträubte sich und wand sich. Während ich ununterbrochen versuchte, meinen protestierenden Welpen daran zu hindern, aus dem Fenster zu springen, redete Philipp mantramäßig auf ihn ein. „Alles wird gut mein Kleiner ... tief durchatmen ... wir wollen nur das Beste für dich ... ich bin jetzt dein Papa ..." Ich war mindestens so genervt davon, wie mein Hund und sagte: „Philipp bitte, sei lieber ruhig. Das regt ihn nur noch mehr auf." Als hätte er mich nicht gehört, sagte Philipp zu mir: „Lass mich mal machen, Birgit“ Na denn...

In diesem Moment bewegte sich Finley nicht mehr so stark, aber er gab merkwürdige Geräusche von sich. Es klang wie ein Pumpen, sein kleiner Körper wand sich schlangenartig auf und ab, „wwmmppp, wummppp, WUOAAAAA“. Unser neuer Hausgenosse erbrach sich über mir. Ich stank fürchterlich. Darauf waren wir natürlich nicht vorbereitet gewesen. Philipp hielt kurz an und ich säuberte mich, so gut es ging. Wie sich in ein paar Minuten herausstellen sollte, war die Mühe umsonst gewesen, denn Finley reiherte mich auf der kurzen Strecke noch drei weitere Male ein. Philipp hatte, ganz pragmatisch, die Entscheidung getroffen, dass es sich nicht lohnen würde, noch einmal anzuhalten. „Jetzt ist es auch schon egal. Lass uns zusehen, dass wir nach Hause kommen. Pass auf die Autositze auf, Birgit.“ Mir stieg ständig der säuerliche Geruch von Erbrochenem in die Nase und ich hatte alle Mühe damit, mich nicht auch noch zu übergeben. Danke Philipp, du machst das schon ...

Das Leben lehrte mich auf dieser Fahrt meine erste Hundehalter-Lektion: *Wenn du einen Hund hast, dann gibt es keine sauberen Hosen, Blusen oder Schuhe mehr. Sabber, Kotze, Modder, Matsch werden deine täglichen Begleiter. Arbeite an deiner inneren Einstellung, Birgit, das ist kein Schmutz, sondern Hundeglitzer!*

Wir kamen zuhause an, frische Luft. Ich atmete tief ein. „Lass bloß die Fenster ein bisschen runtergekurbelt, damit dieser Höllengestank verschwinden kann“, sagte ich zu Philipp. Auf dem Fußweg erwartete uns ein kleines Empfangskomitee. Linnea und Finja hopsten vor Aufregung auf und ab, meine Mutter betrachtete meine vollgespuckte Oberbekleidung mit Abscheu und unsere Nachbarn standen etwas abseits und beäugten unseren Familienzuwachs skeptisch. Mit anderen Worten, unruhiger hätten wir die Ankunft unseres Welpen nicht gestalten können.

Ich hatte Finley noch auf dem Arm, da stürzten alle auf uns zu, um den süßen Welpen zu begutachten. „Bitte nicht alle auf einmal“, versuchte ich das Chaos in den Griff zu bekommen. Vergeblich. „Nein ist der süß ...“, „Wie niedlich ...“, „Was riecht hier so komisch ...“ Alle plapperten durcheinander, bis ich ein mir inzwischen wohlbekanntes Geräusch wahrnahm. „Wwwmmppp, wummppp, WUOAAAAA!“ In einem gigantischen Schwall erbrach sich Finley über die Seidenbluse meiner Mutter. Was soll ich sagen, plötzlich hatten wir unsere Ruhe. „Ähm, ja dann bis morgen“, „Man sieht sich“ und meine Mutter, „Birgit, was hast DU mit dem Tier gemacht!“ Sie fuhr sofort nach Hause.

Ich atmete kurz durch, übergab Finley an meinen Mann und zog meine vollgespuckten Klamotten aus. Als ich wieder zur Familie stieß, lagen meine Mädchen und Finley zusammengerollt auf dem Teppich und kuschelten miteinander. Na, es geht doch, dachte ich und setzte mich dazu. Die ersten Tage zuhause mit Finley waren schön, schließlich hatten wir, schenkte man dem Bekunden unseres Züchters Glauben, „den ruhigsten Rüden“ aus dem Wurf bekommen. Wenn ich ehrlich bin, ich war naiv gewesen und hatte mich zu hundert Prozent auf den Wahrheitsgehalt seiner Worte verlassen.

Die ersten Nächte mit Finley verliefen, so würde ich es aus heutiger Sicht beurteilen, normal. Ich hatte mir ein Schlaflager im Wohnzimmer eingerichtet, so konnte der Rest der Familie durchschlafen. Finley machte mich nachts ein paar Mal wach. Dabei war er außerordentlich erfinderisch, was die Methoden betraf. Entweder fiepte und jaulte er, bis ich mich aus dem Traumland verabschiedet hatte, oder er leckte mir über das Gesicht und manchmal legte er sich auf meine Brust.

Wenn es ihm zu lange dauerte, konnte es aber auch passieren, dass er die Geduld verlor und mir mit voller Wucht aufs Gesicht sprang. In einer Nanosekunde saß ich aufrecht im Bett, lallte etwas Unverständliches, mein Herz raste wie verrückt und ich hatte Mühe, meine Fassung wiederzufinden. Finley schien mit seiner Aktion jedoch zufrieden gewesen zu sein, denn er schaute mir treuherzig in die Augen. „Hey du, endlich wach? Ich würde jetzt gerne mal für kleine Königsgolden."

Dann leinte ich den Satansbraten an und ging mit ihm, mir immer noch die schmerzende Nase reibend, in den Garten und hoffte, dass er sein Geschäft möglichst schnell erledigen würde. Das schnelle Geschäft, das lernte ich gleich anfangs, war nicht so sein Ding. Bevor er Pipi machte, schnüffelte er den gesamten Garten ab, es war ihm offenbar nicht egal, wo er seine Hinterlassenschaften platzierte.

Es konnte passieren, dass er dann an seinem Fussball stehen blieb und mich auffordernd anschaute. „Naaaa Frauchen, sei kein Frosch. Wie wäre es jetzt mit einer Runde Gartenfußball. Ich lass dich auch gewinnen." Um 3.00 Uhr morgens? Geht's noch? Sei kein Frosch! Unverschämtheit! In diesen Momenten wäre ich liebend gerne ein Frosch gewesen, die konnten wenigstens den ganzen Winter durchschlafen. Wo war eigentlich Finleys innere Uhr geblieben, die ihn tagsüber immer äußerst pünktlich darauf aufmerksam machte, dass es Zeit für die nächste Mahlzeit war?

Überhaupt hatte ich den Eindruck, dass Finley die Ungeduld in die Wiege gelegt worden war. Konnte er etwas, das er tun wollte nicht sofort umsetzen, wurde er knatschig und bellte. Ließen wir ihn auch nur eine Sekunde aus den Augen, stellte er jede Menge Unfug an. Die Sache mit dem „ruhigsten Rüden aus dem Wurf" hatte sich nach vier Tagen komplett erledigt. Nichts war so, wie ich es mir vorgestellt hatte. Ich hatte einen Kinderwagenbegleitschleichhund erwartet und bekam eine Bodenluftlenkrakete ohne Bremsvorrichtung.

Langsam hatte Finley verstanden, dass er bei uns bleiben würde. Er fühlte sich immer wohler bei uns und wurde selbstsicherer. Das war schön ... eigentlich. Je wohler er sich fühlte, desto kiebiger wurde er aber auch. Das war nicht so schön. Er piesackte unsere Jüngste. Sie konnte sich nirgendwo hinsetzen, ohne dass Finley versuchte, ihr die Socken auszuziehen, die Jeans durchzukauen oder ihr in die Arme zu zwicken. Wir versuchten, es zu unterbinden, mit mäßigem Erfolg. Fragte ich meinen Züchter, sagte er, ich solle mich „liebevoll und konsequent" verhalten. Finley müsse lernen, was das Wort „Nein" bedeuten würde. Michael sagte mir aber nicht, wie ich das hätte machen sollen. „Niemals nachgeben, Birgit und niemals nachlassen." Wow, okay ...

Das mit dem „Nein" hatten wir immer wieder versucht. Aber es half nicht. Ähnlich wie Luis Trenkers Hilferuf, „Maria, hülf mia", eigentlich in jedem seiner Berg-Unfall-Filme, verhallte unser Nein ungehört im Universum.

„Das klären wir bei unserem Wochenendtraining", sagte Michael zu mir. Bis zu unserem ersten Training sollten aber noch zwei quälend ereignisreiche Wochen vergehen.

In diesen zwei Wochen ließ mein süßer Flufffluff-Welpe den Macho raushängen. Womit ich sagen will, dass Finley durchaus an einer guten Erziehung interessiert war, nur eben nicht so, wie ich es mir vorgestellt hatte. Mit anderen Worten, er nahm mich ordentlich ran.

Wenn ich nicht sofort verstand, was er wollte, oder noch unverschämter, ihm seinen Willen nicht erfüllen wollte, baute Finley sich vor mir auf, machte sich breit, zeigte mir seine Zähne und schickte ein erstaunlich tiefes Donnergrollen in meine Richtung. Vielleicht hätte ich ihn Thor nennen sollen. Finleys Frustrationstoleranz befand sich auf Level minus zehn. Impulskontrolle hielt er ohnehin für überflüssig. Und ich? Zu meiner immerwährenden Schande muss ich gestehen, ich war damit überfordert.

So ein Verhalten wurde in keinem meiner Bücher auch nur ansatzweise erwähnt, jedenfalls nicht bei einem Welpen. Und Michael, den sollten wir ja erst in einer Woche sehen. Ich schützte meine Kinder und versuchte irgendwie, dieses ominöse „liebevoll und konsequent" umzusetzen. Meinem Hund waren meine Bemühungen vollkommen wurscht. Es gab Momente, da sah ich traurig auf Finley und dachte, „Junge, ich mag dich nicht". Auf dem Fuße durchfuhr mich eine heiße Welle aufsteigender Scham. Wie kannst

du nur Birgit, er ist doch so süß und so hübsch. Das ist alles deine Schuld, das schaffst du nie, du hast dich übernommen."
Der Druck war enorm groß. Nicht nur, dass ich meinen eigenen Ansprüchen nicht gerecht wurde, geschweige denn Finleys. Philipp war unzufrieden mit mir, weil es mir nicht gelungen war, Finley innerhalb von drei Wochen durch zu erziehen. Die Mädchen nahmen es mir übel, dass ich viel Zeit mit Finley verbrachte, in der ich mich nicht voll auf sie konzentrieren konnte. „Du hast den Hund wohl lieber als mich, Mama", wurde mein tägliches Mantra. Meine Mutter besuchte uns verdächtig häufig in dieser Zeit. Ich hatte sie in Verdacht, dass es sie amüsierte, zu beobachten, wie ich mich abstrampelte. Sie hatte immer ein (un)passendes „Das konnte ja nicht gut gehen" oder ein „Du hast es ja so gewollt", parat.

In dieser Zeit lernte ich meine zweite, wichtige Hundehalter-Lektion: *Hast du einen Hund Birgit, brauchst du ein verdammt dickes Fell.*

Abends hing ich in den Seilen wie Rocky Balboa, nachdem er seinen Kampf gegen Ivan Drago verloren hatte. Geschunden, geschlagen und körperlich und mental am Ende. Aber wie Rocky, rappelte ich mich jeden Morgen wieder auf und nahm den neuen Tag in Angriff. Mangelnde Kampfmoral konnte man mir nicht nachsagen. Außerdem fing ja bald das Training bei meinem Züchter an. Ab dem Zeitpunkt würde alles besser werden. Endlich unter Leuten sein, die dieselben Probleme mit ihren Hunden hatten. Das würde mir guttun. An dem Gedanken hielt ich mich fest. Doch wie sagte schon der englische Dichter Alexander Pope: „Irren ist menschlich, vergeben ist göttlich."

Es sollte noch geraume Zeit dauern, bis ich Finley dazu bringen konnte, mein „Nein" zu akzeptieren. Es war ein zäher, langwieriger Weg, von dem ich euch in den kommenden Kapiteln erzählen werde. Angelehnt an Alexander Pope würde ich sagen, in der folgenden Zeit saß ich noch unzähligen Irrtümern auf, die mir Finley vergeben musste.

KAPITEL 10

LIEBEVOLL UND KONSEQUENT

Bei der Hundeerziehung lässt man sich am besten von einem Profi anleiten. Die Möglichkeiten dafür sind so vielfältig, dass einem Hundeanfänger ganz schwindelig davon werden kann. Es gibt eine endlos große Anzahl von Hundeschulen, die Grundausbildung und unterschiedliche Hundesportarten anbieten. Ebenso zahlreich sind die Trainingsphilosophien, die in diesen Hundeschulen vertreten werden. Da wird mit Leckerchen oder strikt ohne Leckerchen trainiert, manche klickern wie die Weltmeister. Es wird positiv verstärkt, ein Nein gilt mancherorts schon als Gewalt oder es wird mal „eine ganz klare Ansage" in Richtung Hund gemacht. Die individuellen Ausformungen dessen sind variabel.

Es ist ein hartes Brot für einen Hundeanfänger, die richtige Wahl zu treffen, für sich und seinen Hund. Aus heutiger Sicht würde ich sagen, der Vorteil dieser Situation ist gleichzeitig auch ihr Nachteil ... man hat die Wahl. Es kann FAST alles funktionieren, wenn die Trainingsmethode zu dem Menschen und dem Hund passt.

Eine andere Möglichkeit sind die Trainingsplätze verschiedener Rassehundevereine. Hier wird oft noch sehr traditionell gearbeitet. In der Regel wird man angeleitet, nicht nur die „Rangordnung" zwischen Hund und Halter sicherzustellen, üblicherweise gibt es auch im menschlichen Bereich eine fest etablierte Hackordnung. Das Wort Hackordnung dürft ihr gerne wörtlich nehmen. Die Mär vom „Rudelführer" wabert über diese Plätze, im tierischen Umfeld genauso wie im menschlichen Bereich.

Hat man Glück, dann findet man einen der wenigen Vereinsplätze, die sich moderneren Erziehungsmethoden geöffnet haben. Hat man Pech, landet man auf einem der Plätze, wo es heißt, „das machen wir seit 50 Jahren so, hat noch niemandem geschadet". Dann kann es einem passieren, dass man 45 Minuten lang, im Stechschritt im Kreis laufen muss, in der Hoffnung, dass der eigene Hund das Whopiiie findet und „freudig und willig" zu Frauchen aufblickend nebenher trottet. Mal ehrlich, wenn mir dabei schon das Hirn einfriert, wie soll das ein dynamischer Junghund überstehen?

Mindestens ebenso wichtig ist das soziale Miteinander auf diesen Plätzen. Da kommt man bitte, oder sollte ich sagen gefälligst, mindestens eine halbe Stunde vor dem Unterricht, um zu klönen. Da gibt es Tee, Kaffee und Kuchen, den jeder einmal mitbringen sollte und mancherorts auch Prosecco und Bier. Die lieben „Fellnasen“ werden derweil abgeleint und überwiegend sich selbst überlassen. Einige Platzbesucher lassen ihren Hund solange im Kofferraum warten, bis Frauchen und Herrchen ihren üblichen Sonntagstrainings-Prosecco-Pegel erreicht haben und werden erst direkt zum Training rausgelassen. Na, dann Prost!

Kauft man seinen Hund bei einem Züchter, hat man häufig die Möglichkeit, von diesem unterrichtet zu werden. Finley und ich hatten diese Gelegenheit. Manchmal war es hart, insbesondere für mich, weil unser Züchter ein Faible für Finley hatte und mich und mein Verhalten deshalb engmaschig überwachte. Er sparte nicht mit Kritik (an mir), aber er liebte meinen Hund. Das ist doch auch schon was.

Auch wenn Michael mich in der Zeit unseres gemeinsamen Trainings nicht geschont hatte, muss ich jedoch zugeben, dass er einen entscheidenden Anteil daran gehabt hatte, dass ich Hundetrainer geworden bin. „Finley hast du gut hingekriegt, Birgit. Wenn du DEN Hund geschafft hast, dann schaffst du auch alle anderen“, hatte er ein paar Jahre später gesagt. Das war eigentlich das erste Mal gewesen, dass ich von ihm so etwas ähnliches wie ein Lob gehört hatte.

Im Übrigen hatten Finley und ich im Laufe der Jahre alle hier genannten Trainingsmöglichkeiten ausprobiert, einige nur ganz kurz, andere hingegen bis zur Schmerzgrenze und darüber hinaus. Was alle gemeinsam hatten, war, dass sie propagierten, man solle seinen Hund „liebevoll und konsequent“ erziehen. Leider wurde diese Redewendung selten mit Inhalten unterfüttert. Sie wurde oft immer dann aus dem Köcher gezogen, wenn die Erde gerade unter mir brannte und der Trainer selber nicht weiterwusste.

„Erziehe deinen Hund liebevoll und konsequent“, so sehe ich es heute, der überflüssigste Rat, den man einem verzweifelten Hundehalter geben kann. Insbesondere dann, wenn man ihn ohne praktische Anleitung in den Raum stellt. Ich finde es fast ein wenig gemein, suggeriert er dem ohnehin schon verunsicherten Hundeanfänger doch, dass er einerseits nicht konsequent sein kann, also schwach ist, andererseits obendrein nicht liebevoll genug mit seinem Hund umgeht. Im Unterricht ist es bloßstellend und entmutigend für den Hundehalter. Diesen Frust muss man erst einmal wegstecken können.

Der erste Trainingstag bei meinem Züchter Michael lief überhaupt nicht, wie ich es mir gewünscht hatte. Er lief nämlich aus dem Ruder und das gleich zu Anfang. Alle neun Welpenbesitzer waren gekommen. Michael stand am Waldrand und schaute sich an, wie einer nach dem anderen seinen Welpen aus dem Wagen hob und schon einmal ein Stück in den Wald hinein ging. Dann waren wir dran. Ich wusste, es würde nicht einfach werden. In Gedanken sendete ich ein Stoßgebet zu meinem Schutzengel, „Bitte, bitte, lass ihn friedlich sein, nur das eine Mal“. Finley saß angeschnallt auf der Rückbank auf einem dafür eigens hergestellten Hundekissen.

Michael kam näher, schaute durch die Scheibe und fragte irritiert: „Was ist denn das da?“ Ich holte tief Luft, leugnen hatte ohnehin keinen Sinn und antwortete trocken: „Hundekotze ... Finley hasst das Autofahren.“ Michael runzelte die Stirn und trat beiseite. Finley tobte im Autoinnenraum wie ein Derwisch. Er wollte raus, einfach nur raus.

Leider war es so fast unmöglich, ihn von dem Fahrgeschirr zu befreien. Die Retrieverleine um den Nacken gelegt, sah ich fast aus wie ein Profi. Ich löste den Gurt und öffnete die Schnalle vom Geschirr. Es entstand ein undurchschaubares Hände- und Pfotengewimmel und ehe ich mich versah, war mir Finley durch die Beine geschlüpft und wieselte in einem Affentempo auf seine angeleinten Geschwister zu.

Er rammte Balou, schubste Bijou um und semmelte Bellami die Läufe unter dem Körper weg. Ich sprintete hinter ihm her. „Finley stopp ..., Vorsicht, du Brummer ..., lass die Mädchen in Ruhe ..., wenn ich dich zu fassen kriege ...“. Am Ende saßen wir beide auf dem staubigen Waldboden, Finley freudig erregt, ich mit hochrotem Kopf und zerzauster Kurzhaarfrisur. Ohne dass wir es jemals angestrebt hätten, hatten wir uns ab Sekunde eins den Titel des Gruppenclowns erkämpft. Diesen Platz würde uns so schnell keiner streitig machen können, das stand fest.

Unsere Gruppe arbeitete sich auf eine Lichtung zu, in deren Mitte eine Wiese lag, auf der wir nun üben sollten. Einige Waldbesucher, sie wollten die heimischen Vögel beobachten, kamen auf unseren Tross zu und gerieten ins Schwärmen: „Sind die niedlich ..., oh, wie süß ..., du bist ja zum Klauen“. So lief das bis, ja, bis Finley und ich um die Ecke schossen. Mein Kleiner hasste sein Leben gerade, insbesondere die Leine. Er wirbelte um mich herum, knurrte, fiepte und verbiss sich in der Leine, die ich leider nicht abmachen konnte, da ich Finley weisungsgemäß kein Halsband umgelegt hatte. Wer weiß, wohin er dann wieder geflitzt wäre.

Die Attitude der Vogelbeobachter änderte sich augenblicklich, genauso wie ihre Ausrufe: „Was hast du denn ..., du bist aber ungezogen ..., pscht, du scheuchst ja die Vögelchen auf ...“. Finley übte keine Zurückhaltung, er bellte mit allem, was er hatte zurück: „Wuffwuffwuff, was denkt ihr denn. Natürlich scheuche ich Vögel auf. Ich bin ein Jagdhund, ihr Pfeifen.“ Ich lächelte entschuldigend und versuchte zu verhindern, dass Finley mich in den nächsten Knick zerrte. Verschreckt von seiner Gegenwehr und sicherlich auch von meiner Unfähigkeit, den Satansbraten in Schach zu halten, wechselten sie in eine schnellere Gangart und verschwanden.

Als wir endlich auf der Lichtung angekommen waren, war ich schweißgebadet. Finley war jedoch nicht mal im Ansatz etwas müder geworden. Wir sollten uns im Kreis auf die Wiese setzen. „Jetzt bringt ihr euren Hund zur Ruhe und kuschelt ein bisschen", wies uns Michael an. Sehr witzig, mein Lieber, dachte ich. Ich höre noch heute das schallende Gelächter meines inneren Ooohhhms, ob dieser Anweisung. Während ich vergeblich versuchte, Finley die Vorzüge einer ruhigen Kuscheleinheit nahezubringen, bestimmte mein inneres Ooohhhm die aktuellen Farben meiner Aura, schüttelte entsetzt mit dem Kopf und holte die Klangschale aus der Anrichte.

Ich sah zu den anderen herüber und versuchte, mir abzugucken, wie sie es schafften, ihre Welpen zu beruhigen. Ich riss ein paar Grashalme aus und wollte Finley daran schnuppern lassen. Bijou hatte sich auf den Rücken gedreht und ließ sich von ihrem Frauchen mit dem Gras am Bauch kitzeln. Finley hingegen schlug beflissen die Hacken zusammen. „Rasenvernichtung gewünscht? Bitte sehr, stehe zu Diensten." Er war nicht zu stoppen und rupfte Grasbüschel samt Wurzeln, eines nach dem anderen heraus. Ich erwog, ihn im darauffolgenden Frühjahr als Vertikutier-Dog einzusetzen.

Mein vollpädagogisch ausgebildeter Züchter sah sich den Krampf an und fragte: „Was machst du da eigentlich, zum Teufel?" Ich schaute zu ihm hoch, grinste und sagte: „So ruhig war er die ganzen letzten zwei Wochen nicht." Galgenhumor ist mein zweiter Vorname. Mein Scherz lief offenbar ins Leere. Michael wurde blass und sagte: „Das nennst du ruhig?" Nein natürlich nicht, dachte ich und schüttelte betreten mit dem Kopf.

An diesem Tag begannen wir mit den ersten Übungen. Ich riss mich zusammen und Finley auch ein bisschen. Die ersten Übungen für das Sitz und Platz funktionierten wider Erwarten ganz gut, in mir keimte Hoffnung auf. Überhaupt merkte ich sehr schnell, dass sich unsere persönliche Lage immer dann entspannte, wenn ich Finley etwas Neues beibringen wollte oder ihm konkrete Aufgaben stellte. Das eigentliche Problem waren die Pausen und die Zeit, in der ich zwingend mit etwas anderem beschäftigt war ...

also etwa 70 Prozent des Tages. Und ich sinnierte darüber nach, ob ich mich darüber nun freuen sollte oder nicht.

Im Laufe der Monate verbesserten wir beide unsere Skills. Konkret bedeutete das auf mich bezogen, dass ich in der Theorie eigentlich genauestens wusste, wie es anders hätte laufen sollen. Positiv ausgedrückt, hatte ich also immer ein klar visualisiertes Ziel vor Augen. Aus Finleys Sicht bedeutete das, dass er die Anarchie ausgerufen hatte und sie abfeierte, wie Jimi Hendrix das Woodstock-Festival.

Als wäre es nicht schon schwierig genug gewesen, gesellte sich genau in dieser Phase ein neuer Hausgast zu uns. Er trommelte mit beiden Fäusten an unsere Vordertür, und als ich die Tür öffnete, stieß er mich beiseite und stürmte mit den Worten, „Weg da, ich bin's die Pubertät, ich will zu Finley“, an mir vorbei und ergriff Besitz von meinem Jungen.

KAPITEL 11

STOLZ UND FRUSTRATION UND DAS KLEINE LICHT AM ENDE DES TUNNELS

„Mach dich interessanter, Birgit“, donnerte Michael quer über den Trainingsplatz. Und weiter: „Du langweilst deinen Hund!“ Alle Augen waren auf mich gerichtet. Gerti aus meiner Hundegruppe lächelte süffisant. Ich stand allein am anderen Ende der Wiese und wäre am liebsten im Boden versunken. Nach diesem Satz war mein letztes bisschen Zuversicht gerade im Moos der malerischen Apfelwiese versickert. Meine Gruppenbuddys und die Bewohner der drei angrenzenden Dörfer wussten nun, dass ich zu langweilig für meinen halbstarken Hund war. Finley untermauerte diese Botschaft noch mit hündischer Gebärdensprache und drehte mir demonstrativ den Rücken zu.

„Du rufst deinen Hund jetzt zu dir ran. Nicht aufgeben, wenn es nicht sofort klappt“, rief mir Michael zu. Es war an diesem Tag der gefühlt dreißigste, vermutlich wieder erfolglose Versuch, Finley abzurufen. Folgsam atmete ich tief ein und rief, so laut es ging: „Finley, hiiiierheeeeer!!!“ Ich hatte so viel Luft eingesogen für diesen Schrei, dass ich mit meinem Lungenvolumen bei den deutschen Meisterschaften für Apnoe-Tauchen gute Chancen gehabt hätte. Finley blieb vollkommen unbeeindruckt, guckte kurz auf und schnüffelte dann am Knick nach ekeligen Sachen, die sich als Snack so zwischendurch eignen könnten. „Jetzt musst du was machen“, ermahnte mich Michael.

Ich versuchte alles, was man so tun konnte, wenn man keine Ahnung hatte, um Finleys Aufmerksamkeit zu erregen. Ich rief, „Finny, kuckuck...“ und „Wo ist mein Bärchen?“. Finley drehte sich kurz um, hob die Pfote „Na, hier. Bist du blind?“ Ich propellerte mit den Armen, klatschte mit den Händen, bis die Handflächen brannten und trampelte mit den Füßen auf der Blümchenwiese herum. Michael warf mir ein Quietsche-Spielzeug zu. Es war ein Plastikwildschwein. Als ich es zusammendrückte, gab es ein Geräusch von sich, das man schwer beschreiben konnte. Ein brüllendes Tröten kommt einer zutreffenden Beschreibung des Tons wohl am nächsten.

Finley stutzte und unterbrach seine Schnüffeltour. Nach zwei weiteren Wildschwein-Tröttönen war er bis aufs Äußerste angespannt. Wie von der Sehne eines Bogens geschossen, kam er auf mich zugerannt. Für einen kurzen Moment dachte ich, ich hätte es geschafft. Ich breitete meine Arme aus und rief: „Da bist du ja, mein Kleiner." Während ich erwartete, dass er bei mir Halt machen würde, keine Ahnung, wie ich auf diese abstruse Idee kam, steigerte Finley kontinuierlich sein Tempo, schlug ein paar Meter vor mir einen Haken und bretterte an mir vorbei. „Quetsch das Schwein", rief mir Michael zu. Ich presste aus dem Wildschwein alles raus, was ging, Tröööt!!!

Finley schlug erneut einen Haken und rannte auf Michael zu. Ich quälte das Wildschwein erneut, TRÖÖÖÖÖT!!! Finley bremste mitten auf der Wiese ab und schien überhaupt nicht mehr zu wissen, was er vorgehabt hatte. Er stand da, sein ganzer Körper bebte, er hechelte so stark, dass ich mir Sorgen um ihn machte. Das konnte doch nicht gesund sein. Ich ließ ihn ein bisschen durchatmen und versuchte es dann zaghaft noch einmal. „Finley, komm her zu mir ..., ja, so ist es richtig ..., komm her ..."

Finley stand immer noch an derselben Stelle. Ich war schon bereit aufzugeben, da donnerte mir Michael seinen nächsten Befehl entgegen: „Wirf dich auf den Boden, Birgit!" Ohne nachzudenken, schmiss ich mich hin. Warum ich das tun sollte, war mir allerdings schleierhaft. Später sagte Michael mir, Finley sollte glauben, ich müsste gerettet werden.

Aha, dachte ich, du bist deinem Hund offensichtlich schnurzegal, denn Finley blieb ungerührt stehen. Michael rief: „Rupf ein bisschen Gras raus und wirf es in die Luft. Das erregt sein Interesse." Alter Schwede, dachte ich, muss das denn sein? Trotzdem tat ich, wie mir geheißen wurde und warf büschelweise Grashalme gen Himmel. Dieses Verhalten hätte wahrscheinlich selbst bei einem willig passionierten Rettungshund wie „Lassie" Zweifel an der Rettungswürdigkeit der hilfebedürftigen Person aufkommen lassen.

Als ob das Ganze nicht schon übel genug gewesen wäre, hatte Michael ohne Vorankündigung die Bedingungen verschärft. Er hatte seine Entenpfeife aus der Jacke gezogen. Immer wenn Finley Anstalten machte, in meine Richtung zu laufen, blies er in die Jagdflöte. „Ich bau mal eine Ablenkung ein. Er muss das ignorieren", sagte mein mir gewogener Trainer. Jeder Ton löste bei Finley einen ausgiebigen Anfall orgiastischer Jagdgelüste aus. Super Idee, Michael!

Die Entenpfeife wird bei der professionellen Entenjagd eingesetzt. Man bezeichnet sie auch als Entenlocker. Diese Pfeifen, die meist in liebevoller Handarbeit aus Eichen- oder Ulmenholz hergestellt werden, imitieren in Perfektion die unterschiedlichen Lockrufe verschiedener Entenarten. Mit anderen Worten, sie sind eine tolle Unterstützung für Vogelbeobachter, aber eine Geißel epischen Ausmaßes für Besitzer von Jagdhunden, wenn sie nicht jagen wollen. Insbesondere dann, wenn der Hundebesitzer, wie ich damals, ein Anfänger ist und die dazugehörige Hunderasse, in meinem Fall also ein Golden Retriever, eigens für die Entenjagd nach dem Schuss gezüchtet worden ist.

Finley folgte Michaels Doktrin und ignorierte, was das Zeug hielt, und zwar mich. Er stand nach wie vor ungerührt an seinem Platz.

„Wälz dich auf dem Boden", verlangte Michael nun von mir. Oh Gott, schoss es mir durch den Kopf, wie peinlich ist das denn. Zum ersten Mal regte sich Unmut in mir. Ich überwand mich und rollte mich seitwärts über die Blumenwiese. Ich war im Gänseblümchenrausch, konnte aber trotzdem die anderen Teilnehmerinnen kichern hören. Meine Lieblingsfeindin Gerti sprach halblaut mit ihrer Hündin: „Bin ich froh Bijou, dass du so artig bist. Du bist bestimmt auch glücklich, dass du bei mir gelandet bist, hmmm?" Glaubte Gerti, diese alte Trockenpflaume, wirklich, dass ich nicht mitbekommen hatte, dass diese Botschaft eigentlich an mich gerichtet war?

In mir fing es an zu brodeln. Doch bevor ich Gerti etwas entgegnen konnte, hörte ich, wie Michael erneut rief: „Wälz dich auf dem Boden!“ Man unterschätzt mich oft, aber ich wurde mit dem Sternzeichen Stier geboren. Das heißt, unter der durchaus verbindlichen, manchmal charmanten, domestizierten Oberfläche lodert ein feuriges Temperament. Auf Feiern kann das unterhaltsam sein. Wenn der berüchtigte Tropfen das Fass aber mal zum Überlaufen gebracht hat, kann das aber auch in legendäre Zornesausbrüche ausarten.

Jetzt war so ein Moment, ich hatte die Nase gestrichen voll, gestrichen voll davon, von einem Hund vorgeführt zu werden, der ohne meinen Will-to-please schon längst verhungert wäre. Gestrichen voll von dem papihaften, leicht zweifelnden Unterton meines hundeflüsternden, Entenpfeifen trötenden Trainers. Ich war es überdrüssig, dass ich mich vor meiner Hundegruppe ständig zum Trottel machen sollte.

Auf der feuchten Wiese liegend, bäumte sich das letzte bisschen Stolz in mir auf und es brach ungebremst aus mir heraus:

„Neiiiiin!!!!!

Ich werde mich nie wieder vor meinen Hund hinschmeißen und mich wälzen wie eine geistesgestörte Frühdemente. Ich werde mich nie wieder vor diesem bockigen Sack auf dem Boden wälzen, dabei auf hässlichen, grunzenden Plastikwildschweinen herumpressen oder Gras rupfen und begleitet von einem grenzdebilen Huiiii in die Luft werfen.“ Und an Michael gewandt: „Ich habe genug für heute. Wir gehen. Und wenn ich noch ein einziges Mal diese saudämliche Entenflöte höre, wenn mein Hund sich auf mich konzentrieren soll, krieg ich einen Blutrausch, ungebremst, dann bist Du fällig.“

Michael bekam große Augen. Der schlaue Mann sagte erst mal gar nichts. Erschöpft sank ich ins Gras. Wenig später saß Finley neben mir, schaute mir besorgt in die Augen und leckte mir über die Wange. Vielleicht war ich ihm doch nicht so ganz egal? Ich wandte mich an meinen Hund und sagte tonlos: „Wir müssen reden. Wir fahren jetzt nach Hause. Nein.Jetzt.Hab.Ich.Gesagt.Du.

Döskopp!“ Und unterband damit erfolgreich seinen erneuten Versuch abzuhauen.

Na dann eben so, dachte ich, Souveränität sieht zwar anders aus, wird aber in manchen Situationen bodenlos überschätzt. Wenn Mafiamethoden besser ziehen ...

Mein Frustpegel hatte die Endmarke erreicht. Auf dem Weg zu unserem Auto zischte ich Finley zu: „Wenn Du es wagen solltest, dich zu Michael umzudrehen, mach' ich Schaschlik aus dir.“ Irgendwas in meinem Ton muss ihn dazu bewogen haben, sich an meine Anweisungen zu halten. Ganz entgegen seiner sonstigen Gepflogenheiten versaute er mir wenigstens meinen Abgang nicht.

Als wir uns kommende Woche wieder trafen, war ich sehr gespannt wie wohl die Stimmungslage in der Gruppe sein würde und wie Michael sich mir gegenüber verhalten würde.

Ich hatte die letzte Woche dazu genutzt, mir über ein paar Dinge klar zu werden.

Die Grunderkenntnis tat ein wenig weh. Ich hatte komplett die Kontrolle verloren über meinen Weg mit Finley. Ich hatte mich zu sehr darauf verlassen, dass Michael schon genau wüsste, wie die Dinge zu laufen hätten. Ich hatte die Abläufe des Trainings niemals hinterfragt. Wenn ich mich unwohl gefühlt hatte mit den Übungen und diese erfolglos waren, dann gab ich mir dafür die Schuld, so wie es alle anderen taten.

Oft handelte ich gegen meinen Instinkt, weil ich davon ausging, dass ich nicht kritisch sein durfte, weil ich es ja nicht hinbekam, dass mein Hund mir folgte. Ich hatte es mir gefallen lassen, dass Michael mir ständig die Leine aus der Hand genommen hatte, um mir zu beweisen, dass es an mir liegen würde, dass Finley nicht bei Fuß ging und auch sonst nicht sehr aufmerksam mir gegenüber war. Sobald Michael Finleys Leine in die Hand nahm, machte mein Hund eine Wandlung durch. Er wurde aufmerksam und folgsam, machte alles, was Michael verlangte und sah ihn am Ende an, als wolle er fragen, „kann ich sonst noch etwas für dich tun?“. Es gab Momente, da wusste ich nicht, auf wen ich wütender war, Michael oder Finley.

Eine Erklärung bekam ich dazu nicht. Als ich anfing, Mensch-Hunde-Teams zu trainieren, überlegte ich mir deshalb zuerst, welche Art von Trainer ich gebraucht hätte, damit mein Weg etwas leichter geworden wäre. Ich hatte im Laufe der Zeit überwiegend Trainer, die mit Hunden auf ihre eigene Art sehr gut auskamen. Sie hatten ihr System und in das musste man sich als Mensch einfügen. Wenn irgendetwas nicht so schnell oder so gut funktionierte, wie sie es sich vorstellten, nahmen sie das häufig persönlich. Sie waren frustriert und wütend und gaben ihren Frust an mich weiter.

Versteht mich bitte nicht falsch, ich habe sicherlich viele Fehler gemacht und habe Dinge, die mir gesagt wurden, nicht immer schnell genug umgesetzt. Das ist das Problem, dass ich mit Befehlsketten habe. Akzeptabel finde ich sie nur bei der Bundeswehr. Ich wollte Anweisungen nicht nur stumpf ausführen, ich wollte auch verstehen, warum ich etwas tun sollte. Und genau an dem Punkt wurde ich häufig hängen gelassen.

Bei Michael bestand zusätzlich das Problem, so sehe ich es heute, dass er Finley im Herzen nie wirklich vollständig an mich abgegeben hatte. Er wollte aus ihm den perfekten Rüden machen, ein Aushängeschild für seine Zucht. Er sprach davon, dass wir zu Ausstellungen mit Finley gehen sollten, um dann seine andere Hündin Jeany von ihm decken zu lassen. In diesem Punkt hatten wir absolut unterschiedliche Vorstellungen von Finleys Zukunft. Ich wollte einen Hund, der im Alltag gut funktionierte und Michael wollte obendrein einen Deckrüden aus ihm machen.

Wer sich ein wenig mit Zuchtzulassungen auskennt, weiß, dass man einen langwierigen, beschwerlichen und zeitaufwendigen Weg vor sich hat, um dieses Ziel zu erreichen. Der Hund muss einen Wesenstest bestehen und weitere Prüfungen. Dann muss man regelmäßig Ausstellungen mit ihm besuchen. Dort wird das Tier beurteilt. Da sitzen dann Wertungsrichter und entscheiden darüber, ob dieser Hund den Rassestandards entspricht. Sie verteilen eine Note und schreiben einen Text über das Tier.

Von den Texten und den Noten hängt es ab, ob der entsprechende Hund bei der Zuchtzulassungsprüfung vorgestellt werden darf.

Ähnlich wie die Benotungen beim Eiskunstlauf waren die Notenvergaben immer subjektiv beeinflusst. Über die Jahre kannte man als Züchter jeden Wertungsrichter und ein Blick auf die Meldelisten genügte, um die Gerüchteküche in Gang zu setzen und um zu entscheiden, ob sie ihre Hunde auf dieser Ausstellung zeigen würden. „Ne, der Schotte, der mag die hellen Golden nicht, das brauchen wir gar nicht zu versuchen ...", oder auch etwas bösartiger, „Der Holländer bewertet die hellen Golden immer besser, ganz egal, ob die dunklen Goldies qualitativ besser sind".

Für mich kam dieser Ausstellungsmarathon sowieso nicht infrage und als sicher war, dass bei Finley nur ein Hoden abgestiegen war und der Zweite im Bauchraum verbleiben würde, war er für die Zucht ohnehin nicht mehr von Interesse.

Konnte ein Züchter wie Michael seine Welpen nicht loslassen, erwuchs dem Neuhundebesitzer, also mir, daraus ein Problem. Michael war geübt und erfahren, konnte jede Reaktion meines Hundes deuten, was ihm die Möglichkeit gab, adäquat und mit gutem Timing darauf zu reagieren.

Dagegen musste ich auf Finley wie ein ungelenker, emotionsflexibler Stümper gewirkt haben. Aber an dem Sonntag nach meinem kleinen Wutausbruch begann ich das zu ändern.

Als wir anfingen, den Rückruf zu trainieren, bat ich Michael, weder das Wildschwein noch die Entenpfeife einzusetzen. „Warum denn nicht?", fragte er mich überrascht.

„Finley schafft das noch nicht mit Ablenkung", antwortete ich. Ich schilderte ihm, dass mein Eindruck sei, dass Finley ein ungewöhnlich hektischer und aufgeregter Hund wäre. Dass er wegen der Aufregung Schwierigkeiten habe, mich wahrzunehmen und es für mich noch zu schwer sei, durch diesen Nebel der Aufregung hindurch zu dringen. „Ich glaube, jeder hier hat schon mitbekommen, dass Finley immer anders reagiert als die anderen Welpen", fuhr ich fort, „ich will es jetzt so versuchen, dass wir auch eine reelle Chance auf Erfolg haben. Ablenkungen können wir bei uns dann einbauen, wenn die leichtere Variante zuverlässig funktioniert."

Michael grinste und sagte, das sei in Ordnung. Gerti grinste auch und säuselte: „Ja, ja, eine Extrawurst für den ungezogenen Hund." Bevor ich etwas dazu sagen konnte, antwortete Michael für mich: „Ne, lass mal Gerti. Ich finde das gut, wenn jemand mitdenkt." Gertis Gesicht versteinerte, und zur Abwechslung stand mir einmal ein Lächeln im Gesicht. Dieses Lächeln verließ mich die gesamte Trainingsstunde nicht. Von fünf Rückrufübungen machte Finley bei dreien super mit. Unsere bisher beste Bilanz.

Auch in anderen Dingen übernahm ich wieder das Zepter. Ich gab meine Leine nie wieder ab. Wenn Finley Spaß haben wollte, dann mit mir oder mit niemandem. Ich brach eine Übung lieber ab, als dass ich sie von Michael oder jemand anderem beenden ließ. Ich hatte Finley das Hintertürchen, durch das er bisher schlüpfen konnte, vor der Nase zugeschlagen.

KAPITEL 12

IN DER FREIEN WILDBAHN

Es heißt ja, wenn es am schönsten sei, solle man aufhören. Ich finde, dass man auch darauf schauen sollte, ob der Zeitpunkt für alle Beteiligten glücklich gewählt worden war.

An unserem letzten Sonntag verteilte Michael Plastikbecher an die Teilnehmer unserer Trainingsgruppe und ließ die Sektkorken knallen. Auf die für ihn typische, brummelige Art verkündete er der verdutzten Hörerschaft, er müsse aus persönlichen Gründen aufhören, Training zu geben, und zwar sofort. „Jaaa, äääähh, ich also ab sofort müsst ihr ohne mich auskommen. Ähm, persönliche Gründe ... möchte darüber aber nicht reden."

Jeder von uns ging anders damit um. Gerti, die heimlich für Michael schwärmte, schluchzte leise und wischte sich die Tränen aus den Augen. Kirsten und Annette versuchten gar nicht erst, ihre Neugier zu zügeln und bombardierten Michael mit unerwünschten Nachfragen: „Warum ... wieso jetzt ... können wir nicht einen anderen Tag ... wann sehen wir uns wieder..." Michael wehrte sie ab, so gut wie es ging. Ich hingegen prostete Finley stumm zu und dachte, heiliger Mist, das kann ja lustig werden.

Meine Gedanken schweiften ab in weite Fernen. Ich sah Finley und mich, allein gelassen auf der Brücke eines zerfledderten Dreimasters, durch die wilde See der Pubertät treiben. Mein Schutzengel saß mit verbundenen Augen im Krähennest an der Mastspitze und rauchte einen Joint. Mehr als einmal steuerte der Kahn auf ein paar bedrohliche Klippen zu. Später sollte ich noch darüber staunen, wie nah diese Vorstellung der Realität häufig kommen sollte.

Mir schossen tausend Fragen durch den Kopf. Wie bringe ich meinem Mann bei, dass er sich von nun an allein auf meine erzieherischen Fähigkeiten verlassen musste? Hatte ich schon genug Rüstzeug bekommen, um mal eine Weile allein auszukommen? Auf welche Weise würde Finleys Pubertät sein Verhalten beeinflussen? Und wer von uns beiden würde sie zuerst überleben? Kommt Zeit, kommt Rat, hatte meine Oma immer zu mir gesagt. Hatte sie damit recht?

Als ich nach Hause kam und Philipp von Michaels Abschied berichtete, sagte er tonlos, „Ohgottohgott" und schüttelte entgeistert den Kopf. Mit leerem Blick tätschelte er meinen Arm. Meinen Mann hatte es offensichtlich bis ins Mark erschüttert, dass ich sonntags künftig wieder zu Hause sein würde. Natürlich war mir klar, dass ich mich langfristig nach einer neuen Trainingsmöglichkeit umsehen musste. Dankenswerterweise hatte mir Michael zum Abschied noch einen Vereinshundeplatz in der Nähe von Kayhude empfohlen. Trotzdem fasste ich den Entschluss, dass Finley und ich es mal eine Weile nur mit uns beiden versuchen würden.

Mein Plan war also keinen Plan zu haben. Alles zurück auf Anfang. Cheerio Finley, same procedure ... die freie Wildbahn hatte uns wieder. Bevor ich mich mit meinem Hund auf den nächsten Trainingsplatz wagen würde, wollte ich mich zuerst einmal von den Misserfolgen in der Vergangenheit erholen. Mein Credo lautete: Einfach mal nur spazieren gehen, das Leben genießen, ein paar kleine Übungen so ganz nebenbei einfügen und vor allem, nicht zu viel erwarten.

In Erwartung, dass es jetzt leichter für mich werden würde, weil unsere Fortschritte nicht wöchentlich überprüft wurden, unterschätzte ich das Leben. Alltägliche Abläufe können es in sich haben, Begegnungen mit Menschen und Hunden auch. Insbesondere dann, wenn zwei Menschen aufeinandertreffen, von denen die eine, nämlich ich, noch unerfahren war, und die andere, nämlich meine Nachbarin Bruni. Obwohl sie schon sechs Hunde gehabt hatte, betrachtete sie alles, was ihr Athos machte, durch eine rosarote Brille.

Bruni Danker liebte Hunde mit jeder Faser ihres Seins. Durch sie lernte ich meine **dritte Hundehalter-Lektion:** ***Liebe allein genügt nicht. Man muss auch ein gutes Verhältnis zur Realität entwickeln. Das eröffnet einem die Möglichkeit, auch mal einen selbstkritischen Blick auf sich selbst und auf den eigenen Hund zu werfen. Soll heißen, hat dein Hund etwas falsch gemacht, suche die Schuld dafür nicht bei den anderen.***

Da Bruni, Athos und wir in der gleichen Straße wohnten, bot es sich an, dass wir unsere Spaziergänge zusammen machen würden. Unsere Treffen waren zufällig. Bruni winkte mir dann zu, ich winkte freundlich zurück und Finley, jetzt fast sechs Monate alt, schaute herüber zu Athos. Athos fixierte Finley und duckte seinen Kopf weg. „Schau, er macht ein Dienerle vor Finley, Gott wie süß", frohlockte Bruni. Im nächsten Moment dengelte er Finley seine Pranke in die Seite. Finley fiepte. Ich erschrak und schaute entsetzt auf Bruni. Sie würde doch wohl etwas dagegen unternehmen?

„NadubistabereinekleineMimose", säuselte sie meinem Welpen entgegen. Ich hatte mir da eine andere Reaktion vorgestellt, wenn ich ehrlich bin. „Das war schon ein bisschen grob, oder", wand ich vorsichtig ein. „Ach, das war doch liebevolles Necken", entgegnete Bruni. Und weiter: „Er mag halt keine Welpen." Ach tatsächlich, dachte ich, die Info hätte ich gern vor der Begrüßung gehabt.

„Das wird von Mal zu Mal besser werden", versprach Bruni dann noch. Tja was soll ich sagen, wurde es nicht! Anfangs hatte ich mich ganz auf Brunis Hundeerfahrung verlassen. Nach sechs großen Hunden sollte das doch möglich sein. Doch nach und nach wuchs mein Unbehagen. Irgendetwas an Athos' Verhalten Finley gegenüber machte mir Sorgen. Wir gingen auch mit anderen älteren Hunden zusammen spazieren und diese Hunde, Rüden genauso wie Hündinnen, waren meinem Welpen gegenüber viel toleranter. Ab und an gab es Zurechtweisungen, aber die fielen wesentlich moderater aus als bei Athos.

Egal was Finley machte, ob er Athos beachtete oder nicht, er wurde von dem viel älteren Rüden aufs Schärfste gerügt. Unsere letzte, gemeinsame Hunderunde war exemplarisch für alle anderen Spaziergänge mit Athos. Finley roch an einem Löwenzahn ... „DOING!" ... Finley machte Pipi ... „ZWONK!"... Finley hatte ein Stöckchen gefunden ... „DENGEL!" ... Finley wollte mit Athos spielen ... „GRUMMEL" ... Finley reckte sein Näschen in Athos

Richtung ... „BOINGRUMMSPOLTERGRRRR!“ Athos stand über Finley, fletschte seine Zähne und trat mit einer Pfote auf Finleys Bauch herum. Finley hatte sich auf den Rücken gelegt und gab ein klägliches Japsen von sich.

Mir selbst fehlten für Hundebegegnungen noch zuverlässige Maßstäbe. Was sollte ich dulden, was unterbinden? Was war tolerabel und brachte meinen Hund weiter und was waren Erfahrungen, die sich nicht gut auf ihn und meine Erziehung auswirkten. In dieser Situation verließ ich mich auf mein Bauchgefühl. Die Tatsache, dass Finley unten lag, machte mir weniger zu schaffen. Sich auch mal unterwerfen zu können, konnte ja nicht schaden. Es waren vielmehr die Schmerzenslaute, die er von sich gab und mein Eindruck, er könne nicht mehr frei atmen, gepaart mit dem Eindruck, dass Athos trotz der unzähligen Unterwerfungs- und Beschwichtigungssignale nicht von meinem Welpen ablassen wollte.

Ein Blick auf Bruni sagte mir, dass sie nicht eingreifen würde. Sie stand dort, vergrub ihre Hände in den Jackentaschen und sagte nichts. „Kannst du Athos nicht einmal zurückrufen“, bat ich sie. Finley fiepte. „Ach, der würde sowieso nicht auf mich hören. Das regelt sich schon“, antwortete Bruni und lächelte milde. Finley hechelte. Was sollte ich tun? Würde Athos mich beißen, wenn ich eingreifen würde? Keine verlockende Aussicht. Da gab Finley einen lauten Schmerzenslaut von sich.

Jetzt war es für mich genug. Finley weinte und eigentlich war er gar nicht besonders empfindlich. Mir platzte der Kragen. Ich verlor jede Angst vor Athos und schob alle Zweifel an mir zur Seite. Ich atmete tief ein und fuhr den erwachsenen Rüden an: „DU NIMMST SOFORT DEINE PFOTEN VON MEINEM BABY, DU HÖLLENHUND ... NA, WIRD’S BALD ... GEHT MAN DENN SO MIT KLEINEN KINDERN UM?“

Währenddessen ging ich schnurstracks auf den durchgeknallten Musketier zu und schubste ihn von meinem kleinen Krieger runter. Athos fletschte die Zähne, heulte auf und Bruni lehnte leichenblass an einer umgestürzten Birke. „Du hast Athos wehgetan“, sagte Bruni vorwurfsvoll. „Du hättest ja auch mal was unternehmen können, anstatt dabei zuzugucken, wie dein Hund auf dem Brustkorb meines Welpen Cha-Cha-Cha tanzt“, gab ich genauso vorwurfsvoll zurück. Bruni räusperte sich und sagte: „Als erfahrene Hundehalterin kann ich dir sagen, dass die Hunde sowas unter sich ausmachen.“ „Aber doch nicht so, mit einem Welpen“, erwiderte ich.

„Tja, also wenn du ihn in Watte packen willst ...“, sagte Bruni pikiert. „Ja, will ich“, antwortete ich kurz angebunden.

Ich zog den sich sträubenden Finley hinter mir her. Sobald Athos über ihm verschwunden war, schüttelte Finley sich und war wieder der Alte. Er war ziemlich wütend und sagte Athos zum Abschied noch mal so richtig die Meinung: „Das hast du jetzt davon, du blöder, aufgeblasener Welpenhasser. Wenn du das noch mal versuchst, dann versohlt mein Frauchen dir den Hintern, und zwar nach Strich und Faden ... Wufffgrrr!“

Finley wand sich und zerrte an der Leine, er hatte offenbar Lust auf Runde zwei. Mir ging es noch nicht wieder so gut wie meinem Hund. Ich hatte ihn leiden sehen, spürte noch immer den Kontrollverlust. Das konnte ich nicht so schnell abschütteln. Tat sich da für uns eine neue Baustelle auf? Während mir all das durch den Kopf schoss, zerrte Finley weiter an der Leine und wollte seine frisch aufkeimende Rüdenehre verteidigen. Ich ließ ihn aber nicht los.

Im Gegenteil, ich versuchte, ihn zu motivieren, mit mir zu kommen. Einen gemeinsamen Spaziergang mit Bruni und ihrem Hund wollte ich nicht mehr. Es war schwierig und nun wurde ich auch zornig auf Finley. Ich zischte ihm zu: „Pass mal auf, du kleine Bockwurst. Ich weiß, du bist kein Fan von mir, aber im Moment bin ich das Einzige, was zwischen dir und einem dreifachen Rippenbruch steht. Also verhalte dich still und sage, Danke, liebes Frauchen.“

Ein paar Wochen später stellte sich leider heraus, dass Athos an

Krebs erkrankt war. Der Krebs schritt schnell voran und schon bald musste Bruni ihren Hund begraben. Sie ging trotzdem mit Finley und mir spazieren, weil ihr die Hunderunden zu sehr fehlten.

Es wunderte mich nicht, dass schon zwei Monate später wieder ein Welpe bei ihr einzog. Ein Rüde. Ich hatte vorher noch nie so ein großes Hundebaby gesehen. Da Bruni alle Musketier-Namen schon an ihre verstorbenen Hunde vergeben hatte, eröffnete sie nun den Reigen für die großen Tenöre dieser Welt. Der neue Rüde hieß Caruso und war ein Großer Schweizer Sennenhund. Ich sah es damals als große Chance, dass unsere Hunde sich von klein auf aneinander gewöhnen konnten und lernen konnten, friedlich miteinander umzugehen. Drollig, oder?

Finley war jetzt sieben Monate alt und steuerte unseren Dreimaster für lange Jahre in jeden Sturm, der uns entgegenkam. Ausweichmanöver kannte er nicht. Caruso war wohl ähnlich gestrickt, denn eine große Bromance wurde es nicht zwischen den beiden. Im Gegenteil, ich würde sagen, vom ersten Moment an verband die Zwei eine tiefsitzende Abneigung füreinander.

Beim ersten Zusammentreffen beschnüffelten sie sich ausgiebig, nachdem Caruso fertig war, blickte er auf Finley, fletschte die Zähne und entblößte dabei ein für einen fünf Monate alten Welpen sehr beeindruckendes Gebiss. Finley, nicht faul, schob sich neben Caruso, hob das Bein und pinkelte dem Schweizer auf die linke Flanke. Für die beiden Rüden waren damit die Fronten geklärt, und das für alle Zeiten. Mir war das sehr peinlich und ich wusste mir damals nicht anders zu helfen, als Carusos Flanke mit meiner mitgenommenen Wasserflasche abzuspritzen. „Oje, Caruso. Ich mach das weg“, stammelte ich. „Caruso hasst Wasser“, bemerkte Bruni, wenig begeistert von meiner Aktion.

Bruni und ich bemühten uns eine Weile, die Situation zwischen unseren Hunden zu verbessern. Aber mein aufrichtiger Wille, Finley zu erziehen, Grenzen zu setzen und Strukturen für meinen Hund zu schaffen, und Brunis Laisser-Faire-Caruso-hat-immer-

Recht-Haltung waren nicht in Einklang zu bringen. Insbesondere meine Erwartung, dass Caruso mir und Finley gegenüber gewisse Grenzen einzuhalten hatte, machte ihr echte Schwierigkeiten. Ihre Angewohnheit, dass Caruso, egal wo grundsätzlich unangeleint seine Runden ziehen durfte, in Kombination mit der Tatsache, dass Bruni ihn nicht abrufen konnte, sollte uns in Zukunft noch manche böse Überraschung bescheren.

KAPITEL 13

CARUSO - CHRONIK EINER TIEF VERANKERTEN FEIND-SCHAFT

Es ist sicherlich kein Zufall, dass mein dreizehntes Kapitel Carusos Namen trägt. Die Zusammentreffen mit ihm haben mich als Hundemenschen geprägt. Auch wenn er es nicht zugeben würde, haben sie sicherlich auch bei Finley einen bleibenden Eindruck hinterlassen. Mit anderen Worten, die unselige 13 hat sich Caruso schwer verdient. Immerhin verdanke ich dem großen Schweizer meine **vierte Hundehalter-Lektion:** ***Auch Hunde haben ihre Vorlieben. Wenn sich Zwei nicht mögen, darf man das einfach akzeptieren. Freundschaft kann man auch bei Hunden nicht erzwingen.***

Finley, Caruso und ich verbrachten mehr als zwölf Jahre gemeinsam in unserer Straße. Dass niemand verletzt wurde, grenzt an ein kleines Wunder. Aufeinandertreffen hatten immer etwas von russischem Roulette. Zwischen Finley und mir lief noch lange nicht alles perfekt. Was Caruso betraf, waren wir uns in der Einschätzung allerdings weitgehend einig: höchst unangenehm, könnte gefährlich werden, hat großes Eskalationspotential.

In ihrer Sturm-und-Drang-Zeit reichte beiden Rüden ein einziger Blick auf den anderen, oft auch auf weite Entfernung, um auszurasten. Eine Begegnung ohne Konflikt gab es nicht. Da wurden die Boxhandschuhe über alle vier Pfoten gestreift und dann warteten sie auf den Gong ... Canidenboxen, Gewichtsklasse Cruisergewicht, Runde 1 bis ...

Als beide Hunde ausgewachsen waren und sich an ihrer Attitude nichts änderte, wurde mir klar, dass das Verhalten unserer Hunde nicht nur auf die Pubertät zurückzuführen war. Diese Zwei hassten sich zutiefst. Jedwede Art von Zusammenführung würde es zwischen diesen Hunden niemals geben, wenn wir Halterinnen dieses Problem nicht angehen würden. Da ich erfahrungsgemäß dabei nicht auf Bruni zählen konnte, musste ich für Finley und mich Wege finden, wie wir uns diesem Chaos entziehen konnten.

Ich trainierte mit Finley ein Aufmerksamkeitssignal ein, das mir nach langem Üben erlaubte, sein unerwünschtes Verhalten für einen Moment zu unterbrechen. In diesem kleinen Zeitfenster konnte ich ihm sagen, was zu tun ist. Das konnte bedeuten, dass er bei mir bleiben sollte, ich ihn voran schickte, er Sitz machen musste oder ich ihm schlicht mit einem scharfen „Aufhören!“ befahl, sein Gegenüber mit Knurren oder Gebell nicht noch zusätzlich zu reizen. Und mal unter uns, Achtung, es folgt meine **fünfte Hundehalter-Lektion:** ***Abzuhauen ist keine Schande, insbesondere dann nicht, wenn das Gegenüber stramme 70 Zentimeter Schulterhöhe, gefühlte 60 Kilogramm pure Muskelmasse und einen abrissbirnengroßen Knochenbrecherschädel vorzuweisen hat.***

Ausweichen oder Weggehen sind unter Hunden gängige Mittel der Deeskalation. Wenn ein Mensch also entscheidet, seinen Hund nicht in die Konfrontation laufen zu lassen, sondern ihr auszuweichen, ist das eine durchaus souveräne Lösung und hat nichts mit Feigheit zu tun. Das sehen im Übrigen auch eure Hunde so. Sie bekommen durchaus mit, ob ihr in der Lage seid, eine Situation einzuschätzen und ob ihr imstande seid, adäquat zu reagieren.

Da Bruni aber eine ganz andere Art der Hundehaltung zelebrierte als ich, lag es in der Natur der Sache, dass unsere Begegnungen nach wie vor kompliziert abliefen. Nachfolgend erzähle ich euch mal ein paar unserer Highlights.

Finley und Caruso, beide angeleint, begegneten sich in unserem Hauswald. Beide waren etwa fünf Jahre alt und standen sich gegenüber. Sie zeigten die Zähne, knurrten was das Zeug hielt und versprühten Rüdenchefsekret aus allen Drüsen. Ich versuchte Finley und mich aus der Schusslinie zu bringen. Was mir, wenn auch zäh, nach und nach gelang. Bruni ... ähm, ja ... beobachtete aufmerksam, was Finley und ich so machten, wickelte sich warum auch immer, die Leine dreimal um ihre Handgelenke und tat darüber hinaus nichts.

Mein Adrenalin- und mein Cortisolspiegel saßen inzwischen gemeinsam im Hormon-Pub am Kneipentresen und köpften eine Flasche Wodka. „Prost Jungs, ex und hopp, es bleibt wieder mal an uns hängen.“ Solche Zusammentreffen wurden regelmäßig durch Finley und mich beendet, indem wir umdrehten und in die entgegengesetzte Richtung das Weite suchten. Ihr wisst ja, Abhauen ist keine Schande. Wenn wir Glück hatten, konnte Bruni Caruso mit Mühe und Not festhalten. Wenn ich für jeden Extrakilometer, den Finley und ich wegen Caruso und Bruni extra gelaufen waren, einen Euro bekommen hätte, wäre mein Haus abbezahlt und in meinem Vorgarten stünde ein schickes Cabrio für die warmen Sommertage.

Ein paar Wochen später gab es wieder eines dieser Gipfeltreffen, dieses Mal auf unserer Hundewiese am Bahndamm. Wir kamen gerade an, deshalb war Finley angeleint, Caruso kam auch gerade an und war, wie meistens, nicht an der Leine. Ratet! Richtig, die beiden Machos standen sich gegenüber, fletschten die Zähne und knurrten sich wütend an. Die Drüsen taten ihre Pflicht und verteilten Rüdenchefsekret in der Vorstadt, als gäbe es kein Morgen mehr. Ich versuchte, Finley meinen Fluchtplan schmackhaft zu machen. Es lief so semigut. Caruso kam langsam in drohend, gebückter Haltung auf uns zu. Keine Chance, dass Finley ihm in dem Moment den Rücken zudrehen würde, schließlich hatte er keine Todessehnsucht. Bruni hauchte ein verhaltenes „Caruhusooo“ in ihren Mantelkragen und tat darüber hinaus ... ratet noch einmal ... genau, NICHTS.

Ich erwog kurz, die Leine fallen zu lassen und Finley zu gestatten, seine Rüdenpflicht zu tun. Dann hätte ich beide Hände frei gehabt, um Bruni den Hintern zu versohlen. Mein Noradrenalin kam just in den Pub und setzte sich zu den beiden anderen Wutbrüdern an den Tresen und bestellte beim Bartender drei Cocktails namens „Hells Bells“. Meine Toleranz war derweil spontan in den Kurzurlaub geflogen.

Trotzdem, zähneknirschend verwarf ich den Plan, Bruni zu vermöbeln. Ich konnte stolz auf mich sein. Impulskontrolle war die halbe Miete, aber eben auch nur die halbe, denn just in diesem Moment entschloss sich Bruni, die Situation ein wenig anzuheizen und warf, begleitet von den Worten „Hol den Balli“, einen ausgeleierten Kinderball zwischen die beiden Hunde ... Eskalation! Die Sterbeszene aus Othello war nichts gegen das, was unsere beiden Rüden da abgezogen haben. An dieser Stelle sei gesagt, ein Beutestück, in diesem Fall einen Ball, zwischen zwei Kettensägen-Massaker-wütende Hunde zu werfen ist fahrlässig.

Meine Impulskontrolle sang „Muss i denn zum Städtele hinaus“, die Heavy-Metal-Version, und schwenkte dabei eine blutdurchtränkte Fahne! Ich brüllte Bruni an, dass, wenn sie ihren „Killerkö#!+**+#“ nicht sofort an die Leine nehmen würde, ich aus ihr, ihrem Mann, ihrem Hund und ihrer Nachzucht Hackfleisch machen würde. Bruni schluckte und leinte Caruso irgendwie an, murmelte etwas wie „unter sich ausmachen“ und sie könne ihn ohnehin nicht halten und zog mit ihrem bockenden Höllenhund unter großen Mühen gen Heimat.

Die nächste Begebenheit ist ohne Zweifel eine meiner Favoritinnen. Finley und ich wollten gerade über unseren Garagenhof in die Wälder entschwinden, da bog Caruso von der anderen Seite auf das Gelände ein. Wie überaus unpassend von ihm und sein Frauchen Bruni war ... tja, wer wusste das schon?

Caruso sah uns und geiferte sofort los. Hektisch sah ich mich um. Unsere Ausweichmöglichkeiten waren beschränkt. Wir brauchten einen sicheren Ort, bitte jetzt, einen Zaun, hinter dem wir in Deckung gehen konnten, einen Schuppen, ein CIA-Safehouse, irgendetwas, bitte!!!

Da, Martins Garage, sie war offen. Wir nichts wie rein und das Tor hinter uns zugezogen. Mit einem lauten Scheppern knallte das Tor herunter und dann hörte ich, wie das Torschloss mit einem fiesen „Gritsch“ einrastete.

Da standen wir nun. Eine erwachsene Frau mittleren Alters und ihr Rüde, allein in der Dunkelheit einer Sechziger-Jahre-Retro-Garage, die nicht uns gehörte. Und vor dem Tor ein heulender, ponygroßer Höllenhund, der frische Beute witterte. Langsam gewöhnten sich meine Augen an die Dunkelheit, meine Gehirnfunktionen fanden nach und nach wieder zu ihrer Normaleinstellung zurück. Ich sah einen Schalter an der Wand und dachte, was soll's, ich drück mal. In der nächsten Sekunde war die Garage hell erleuchtet. Wir sahen uns um.

Martin war offenbar einer dieser Wochenendbastler, die ihre freie Zeit lieber mit kaputten Fahr- und Motorrädern in ihrer Garage verbrachten, als mit der Familie im schmucken Reihenhaus. Offenbar hatte seine Bastelleidenschaft nicht für die Installierung eines von innen zu bedienenden Öffnungsmechanismus für das Garagentor gereicht. Frustriert nahm ich auf einer ausgeschlachteten Vespa Platz. „Tja Finley", sagte ich, „schöner Mist. Von innen kann man die Garage nicht öffnen. Hoffentlich kommt Martin bald zum Basteln runter."

Draußen heulte noch immer der Sennenhund, da klopfte es am Tor. Es war Bruni und sie fragte: „Birgit? Alles okay?" Ich seufzte und antwortete: „Hmmm, alles super. Danke."

Bruni, immer hilfsbereit, fragte weiter: „Soll ich euch mal rauslassen?" Wirklich? SIE WOLLTE DIE TÜR ÖFFNEN? Zusammen mit ihrem blutrünstigen Rüden? Im Hintergrund hörte ich Caruso mit den Zähnen knirschen. Es klang, als würde er einem Wildschweineber das Genick zermalmen.

Ich schüttelte mit dem Kopf und antwortete ihr: „Och nö, geh mal nach Hause. Ich habe noch was zu tun." „Was denn?", wollte Bruni neugierig wissen. Ich verdrehte verzweifelt die Augen und sagte: „Ich sortiere gerade meine Schrauben, das kann dauern." Brunis Stimme klang etwas unsicher als sie, „Ach so, na dann mal bis zum nächsten Mal", sagte und dann gingen sie und Caruso, dieser unter Protest, endlich.

Meine Güte, dachte ich, wenn es Prämien für Begriffsstutzigkeit gäbe, würde Bruni am Jahresende alle Boni einstreichen. Irgendwie musste ich jetzt einen eleganten Weg finden, ohne Gesichtsverlust aus dieser Garage herauszukommen. Gott sei Dank war Finley inzwischen etwas souveräner geworden. Das Tor war zu, der Feind konnte ihn nicht erreichen, also gab es für ihn keinen Grund mehr, sich aufzuregen. Er hatte es sich längst auf einem Haufen schmieriger Putzlappen bequem gemacht. Sein Blick schien zu sagen: „Du hast uns hier reingebracht, Birgit, also sieh‘ zu, dass du uns hier auch wieder rausbringst.“

Genau in diesem Moment hörte ich ein unterdrücktes Kichern: „Hallohooo... Pfmfffhihihiii... ihihiiist dahahaha jepfffmpfmand?“ Das war Martin, der Garageninhaber. Okay, „ohne Gesichtsverlust“ konnte ich jetzt wohl streichen.

Ich antwortete: „Ja, ich bin’s, Birgit. Ähm, also Finley ist bei mir. Wir mussten hier mal schnell rein ... öh, so fluchttechnisch gesehen ...“ „Ahaaahahahaaa, dann will ich euch mal wieder rauslassen.“

Peinliche Momente wie diese versuchte ich oft mit ausgesuchter Höflichkeit zu überspielen und sagte: „Ja bitte, das wäre außerordentlich nett.“ Das Tor fuhr hoch und Martin stand vor uns. Mein Nachbar grinste über beide Backen, er hatte offenbar alles beobachtet und fragte: „Willst du drüber reden?“ „Nee, bloß nicht“, antwortete ich. „Bleibt alles unter uns“, sagte er gönnerhaft und legte seinen Arm um meine Schultern. Ich habe das mal ganz tapfer weggesteckt und Finley und ich gingen unsere Runde zu Ende.

Caruso war unangefochten unser Intimfeind. Allerdings gab es, um ehrlich zu sein, noch weitere Rüden in unserer Gegend, mit denen Finley während seiner Pubertät die Schwerter kreuzte. Oft entstanden die Konflikte dadurch, dass wir Menschen nicht angemessen reagierten, oder der eine oder andere Hundehalter die Gemütsverfassung seines Hundes fehleinschätzte.

Wenn ich mit meinem an der Leine laufenden Rüden in unserem Wald unterwegs war, wollte ich von meinem Gegenüber nicht als erstes wissen, dass ihr Pfiffi „eigentlich ganz lieb“ sei. Ich brauchte auch keine Beurteilung meiner Hundehalterfähigkeiten, „Sein‘ se mal nicht so ängstlich, junge Frau“. Nein, ich wollte, dass mein Gegenüber zu allererst seinen Hund sicherte und ihn an die Leine nahm.

Darüber hinaus wäre es von großem Vorteil gewesen, wenn der

andere Hundehalter mit mir kommuniziert hätte, „Dürfen unsere Hunde spielen", „Kommt ihr Hund mit anderen Rüden zurecht", „Sorry, aber meine Hündin ist läufig". Absprachen in ruhiger und zugewandter Atmosphäre wären ein großes Plus gewesen, waren aber leider, leider sehr, sehr selten gewesen. Immerhin verdanke ich diesen kleinen Katastrophen meine **sechste Hundehalter-Lektion:** ***Warte nie ab, ob die anderen das Problem lösen. In prekären Situationen kannst du dich im Zweifel nur auf dich selbst und deinen Hund verlassen.***

Natürlich gibt es auch Große Schweizer, die unproblematisch sind. Wir selber sind mit zweien und deren Haltern befreundet. Diese Hunde sind top erzogen, werden aber anders gehalten. Sie leben auf einem benachbarten Biohof und haben dort ihre Aufgaben.

Fairerweise muss ich auch einräumen, dass es in unserer Gegend auch Hundehalter gibt, die zusammen mit Caruso und seinem Frauchen spazieren gehen. Zumindest für einen gewissen Zeitraum schien das auch gut zu gehen. Ich sehe auch, dass Caruso eigentlich keine Schuld daran hat, dass er nicht gelernt hat, mit anderen Hunden zu spielen, nicht gut sozialisiert ist und wirklich null Erziehung hat. Das war Brunis Versäumnis. Diese Erkenntnis nützte Finley und mir nur überhaupt nichts für das Management unserer Aufeinandertreffen.

Es war schlicht gefährlich für uns. Ja, ich sage uns, weil Caruso schon lange entschieden hatte, dass er im Zweifel nicht nur gegen seinen Hundesparringspartner vorgehen durfte, sondern auch gegen die dazugehörigen Menschen. Insbesondere mein Mann war davon betroffen. Wann immer Caruso auf meinen Mann traf, bäumte er sich auf und fletschte ihn an, obwohl ja eigentlich ich diejenige war, die die Konflikte mit ihm austrug.

An einem diesigen Freitagmorgen fand seine Feindseligkeit gegen meinen Mann ihren Höhepunkt. Philipp wollte mit unserer „Lakritze", einem schwarzen Fiat 500, vom Garagenhof fahren. In der Auffahrt stehend, wartete er darauf, dass die Straße frei wurde, als Caruso aus dem Nebel trat, natürlich allein, und ihn sah. Ohne Vorwarnung griff er unseren Wagen an. Wütend warf er sich gegen unseren Wagen und riss dabei den Außenspiegel aus der Verankerung. Immer wieder heulte er auf, fletschte die Zähne, sprang an der Lakritze hoch und zerkratzte den Lack unseres Wagens. Bevor ihr spekuliert, nein, Finley saß nicht im Auto. In der Lakritze war er noch nie mitgefahren. Selbst Bruni musste sich am Ende der Wahrheit stellen, dass ihr Caruso es an diesem Herbstmorgen auf meinen Mann abgesehen hatte.

Meine Toleranz war schlicht nicht mehr vorhanden, als ich das sehen musste. Drei Tage zuvor hatte Caruso den Hund einer Freundin gebissen und verletzt. In einem Gespräch mit Bruni und ihrem Mann machte ich sehr deutlich, dass sie erstens für den Schaden an unserem Auto aufzukommen hätten, und zwar ohne Wenn und Aber. Zweitens würde ich erwarten, dass Caruso ab sofort an der Leine lief, zumindest in unserer Siedlung. Sollte so etwas wie mit unserem Auto noch einmal vorkommen, oder Caruso gegen meinen Mann, mich oder womöglich unsere Kinder vorgehen, würde ich ohne weiteres Gespräch Anzeige erstatten. Dann gab ich ihnen noch die Adresse einer Trainerkollegin und die Empfehlung, deren Unterricht zu besuchen.

Mein Verhältnis zu Bruni und ihrem Mann war danach ein wenig abgekühlt. Immerhin führten sie Caruso nach diesem Gespräch in unserer Siedlung an der Leine. Echte Trainingserfolge konnte ich leider nicht beobachten. Bruni verfuhr weiterhin nach der „Ist-ja-immer-gutgegangen-Methode“. Allerdings hatte ich den Eindruck, dass sie versuchte, Finley und mich zu meiden. Ein bescheidener Erfolg, ich weiß, aber besser als nichts.

Schon als Finley noch mitten in der Pubertät steckte, war ich mir relativ sicher, dass es mit Caruso wohl niemals anders laufen würde. Aber vielleicht konnten Finley und ich es schaffen, dass es mit Leo, Pauli, Enzo und den anderen Rüden in unserem Vorort besser lief.

Finley musste toleranter und ausgeglichener werden. Ich musste ihm helfen, mehr in sich zu ruhen. Um das zu erreichen, musste ich mir wieder einen geeigneten Hundetrainer suchen und erinnerte mich an den Tipp meines Züchters Michael. Der Vereinshundeplatz in Kayhude sollte mein nächster Anlaufpunkt werden.

KAPITEL 14

DER HEITERE VEREIN FÜR GANZ LIEBE HUNDE - DER WESENSTEST

Es war ein herbstlicher Mittwochnachmittag, hinter mir im Auto hechelte Finley, als ob er Geld dafür bekommen würde. Er hasste es, Auto zu fahren, noch immer. Wir waren auf dem Weg zu unserem neuen Trainingsplatz in Kayhude. Finley war jetzt acht Monate alt und spazierte mit hoch erhobenem Kopf über das heiße Pflaster der Pubertät und mich zerrte er an der Leine hinterher. Anders ausgedrückt, ich hatte so meine Schwierigkeiten mit ihm. „Was sind denn so deine Baustellen", hatte mich Erika Düffler, die Platzchefin des Vereinshundetrainingsplatzes in Kayhude, am Telefon gefragt. Erika Düffler hatte unter Hundeleuten den Ruf, dass sie jeden Hund mögen würde, dass sie jeden Hund verstehen würde und jeden Hund in den Griff bekommen würde. Sie sei eine Hundeflüsterin, hieß es. Deshalb hatte ich ihr wahrheitsgemäß geantwortet, ohne etwas zu beschönigen. Sie musste schließlich wissen, was auf sie zukommen wird.

„Er will sich mit jedem Rüden kloppen, knurrt jeden Rüden an. Freilauf ist deshalb manchmal schwierig, weil ich nie weiß, wer gleich um die Ecke kommt. Er geht nicht bei Fuß, zerrt mit allem, was er hat an der Leine, ich habe mir deshalb schon den kleinen Finger und einen Zeh gebrochen. Das sind die Sachen, die mich am meisten stören", hatte ich geantwortet. „Ist er mit allen Hunden so?", hatte Erika gefragt. „Nein, bei Hündinnen verhält er sich ganz anders, da kuscht er und unterwirft sich auch mal. Mit Welpen und kleineren Hunden ist er vorsichtig und lieb", hatte ich ihr geantwortet. „Na dann is' ja noch Hoffnung", hatte Erika in schönster Hamburger Tonart entgegnet. Und: „Dann komma' vorbei, den kriegen wir schon hin. Wäre ja gelacht." Und ich? Ich wollte daran glauben, dass das funktionieren könnte.

Wir fuhren auf das Gelände und ich suchte mir einen Parkplatz. Das war gar nicht so einfach, denn die Hunde liefen frei und ich musste höllisch aufpassen, dass mir nicht einer vor den Wagen sprang. Die dazugehörigen Menschen standen etwas weiter weg am kleinen Vereinshäuschen und tranken Tee und Kaffee. Ich stieg aus, ließ Finley erst einmal im Auto und suchte nach Erika Düffler. Die Hunde umrundeten mich und schnüffelten, einige sprangen an mir hoch. Finley protestierte lauthals aus dem Auto heraus.

Ich fragte eine Frau, die sich gerade einen Kaffee aus der Thermoskanne einschenkte: „Entschuldigung, ich suche Erika Düffler. Können sie mir bitte sagen, wo ich sie finde.?“ Die Frau hatte sich inzwischen eine Zigarette zwischen die Zähne geklemmt und zündete sie an. Nach zwei tiefen, gesundheitsschädigenden Zügen antwortete sie mir mit tiefer, rauchiger Stimme. „Das ist die kleine Drahtige da hinten“, und zeigte auf eine etwa sechzig Jahre alte Frau, die sich gerade mit einem jüngeren Mann und seinem Golden beschäftigte.

Ich ging hinüber zu den beiden, wartete ab, bis Erika alles geklärt hatte und stellte mich vor. „Klasse, dass ihr gekommen seid“, begrüßte Erika mich, „dann wollen wir uns deinen Rüden mal ansehen.“ Wir gingen gemeinsam zum Auto. Finleys wütendes Bellen war schon von weitem zu hören. „Is‘ er das?“, fragte Erika. Ich nickte schuldbewusst. Wir standen vor meinem Auto, Erika schaute kurz durch die Heckscheibe. „Dann lass ihn mal rausspringen“, sagte sie. Eine heiße Welle durchfuhr meinen Körper. „Einfach so?“, fragte ich unsicher. Hinter uns hatten sich ein paar der Golden Retriever vom Platz aufgestellt, fast wie die Kegel auf einer Bowlingbahn.

„Also, das ist vielleicht keine so gute Idee“, versuchte ich einzuwenden. Erika tätschelte meine Hand und entgegnete: „Das sind alles gestandene Hunde hier, die wissen, was zu tun ist, wenn einer kiebig wird. Meistens sind die lautesten Hunde kleine Feiglinge, der beruhigt sich, wenn du die Heckklappe öffnest.“ Ehrlich gesagt war ich mir sicher, dass das bei Finley nicht der Fall sein würde, und äußerte das auch Erika gegenüber. Doch sie fegte meine Bedenken beiseite. „Verlass dich mal auf meine Erfahrung, Deern.“

Dann öffnete sie selbst die Heckklappe und Finley kam herausgeschossen. Noch ehe die erfahrenen Golden vom Platz reagieren konnten, hatte er sie über den Haufen gerannt ... Strike, wie der geübte Bowler sagen würde. Er flitzte wie ein Derwisch über das Platzgelände, ohne auf meine Rufe zu reagieren. Bei jedem Richtungswechsel brachten Menschen sich und ihre Teetassen vor ihm in Sicherheit. „Jo, das hatte ich so nicht erwartet", sagte Erika trocken. Tja, das war offensichtlich, dachte ich bei mir.

Irgendwann war Finley dann wieder bei Sinnen und ließ sich von mir anleinen. Die anderen Hunde liefen weiterhin frei herum. Erika kam zu mir und sagte: „Also so besteht DER bei uns im Verein keinen Wesenstest." Da hörte ich es zum ersten Mal dieses Wort, Wesenstest. Immerhin bescherte mir diese sehr peinliche Situation meine **siebte Hundehalter-Lektion:** ***So etwas wie ein Hundeflüsterer existiert nicht. Hundetraining hat nichts Mystisches. Hunde zu erziehen ist Handwerk, keine Zauberei. Im Übrigen, auch Hundetrainer machen Fehler.***

Jeder Hundetrainer macht einmal einen Fehler. Die Trainer, die das eingestehen können, sind aus meiner Sicht diejenigen, die man ernst nehmen kann. Denn nur so wird die Voraussetzung dafür geschaffen, dass man nach einer anderen Lösung für die Betroffenen sucht. Jeder Hundehalter sollte Aussagen wie, „wir haben hier noch jeden Hund in den Griff bekommen" oder „das hat noch immer funktioniert", mit Skepsis betrachten. Ein erfahrener Hundetrainer sollte seine Grenzen kennen und wissen, dass er Hunde, auch wenn sie alle einer Rasse angehören, individuell betrachten muss. Niemand kann mit jedem Hund gleich gut umgehen.

Erika sollte in den kommenden Monaten bei Finley noch öfter an ihre Grenzen stoßen. Sie betrachtete das als Herausforderung und suchte unermüdlich, wie sie es ausdrückte, nach dem Schalter, den sie bei Finley umlegen musste. Der Ehrgeiz hatte sie gepackt. Finley sollte den Wesenstest bestehen und wenn es das Letzte wäre, was sie im Leben erreicht.

Mir persönlich war das mit dem Wesenstest anfangs eigentlich vollkommen wurscht. Ich war gar nicht hierher gekommen, um an irgendwelchen Prüfungen teilzunehmen. Ich wollte dort nur trainieren. Training ohne Ziel gibt es aber auf Vereinshundeplätzen nicht, das lernte ich schnell. Es geht dort nämlich nicht nur darum, dass Hunde und ihre Halter etwas lernen, sondern auch um die Verbesserungen der platzinternen Statistiken.

Ein Hund ohne amtlich festgestelltes Wesen war ein Unding auf diesen Plätzen. Das würde ich auch meinem Züchter schulden, belehrte man mich. Denn ein Hund mit bestandenem Wesenstest sei eine gute Werbung für seinen Zwinger. Der Druck auf mich erhöhte sich. Letztlich geriet ich in einen Sog, aus dem ich nicht so schnell herausfinden sollte. Natürlich wollte ich Michael, meinem Züchter, nicht schaden. Also setzte ich den Wesenstest, der in vier Monaten stattfinden sollte, auf meine Agenda. Das Gute war, die Hunde mussten während der Prüfung nicht „bei Fuß" gehen. Ich sah also eine reelle Chance für uns.

Finleys und meine Fortschritte würde ich aus heutiger Sicht unter der Floskel „Sie bemühten sich redlich" zusammenfassen. Wir standen unter Dauerbeobachtung. Die Blicke meiner Mitstreiter sprachen Bände. „Das schafft ihr nie", schienen sie zu sagen und „ihr solltet woanders üben", „kauf dir einen Hamster, Birgit".

Zeit für ein Krisengespräch mit Finley. Ich setzte ihn in den Kofferraum und setzte mich dazu. „Pass mal auf, mein Dicker", begann ich meine Mitarbeiter-Ansprache, „soll es nun immer so weitergehen? Ich möchte etwas von dir und du tust das Gegenteil? Niemand hier nimmt dich ernst und mich auch nicht. Wir sind beide Anfänger. Wenn du mir eine Chance gibst, dann verspreche ich dir, dass ich fest an dich glauben werde. Wir zeigen den Zweiflern hier, wozu wir fähig sind. Was meinst du?" Die Kaffee-und-Kuchenfraktion des Platzes beobachtete mich kopfschüttelnd.

Ich bilde mir gerne ein, dass meine Ansprache damals großen Eindruck auf Finley gemacht hatte. Es wurde nämlich zunehmend besser. Sitz und Platz funktionierten nach einiger Zeit zuverlässig, der Rückruf auch. Acht Wochen bis zum Wesenstest. Was das Bei-Fuß-Gehen anging, darüber senkte sich gnädig ein Schleier des

Schweigens. Was aber noch immer ein großes Problem war, war die Unruhe und Hektik, die Finley innewohnte. Sobald er das Trainingsgelände betrat, war er angespannt und aufgeregt und ich wusste noch nicht, wie ich ihn herunterfahren konnte. Aber ebendiese Aufgeregtheit, gepaart mit seiner Pubertät, waren die Hauptursachen für die Konflikte, die mit anderen Hunden entstanden.

Er würde bei der Prüfung mit den anderen Hunden frei laufen, ohne Leine. Sein natürliches Verhalten sollte überprüft werden. Wir Menschen durften mit auf den Platz gehen, sollten aber möglichst nicht eingreifen, wenn die Hunde miteinander agierten. Mir brach der kalte Schweiß schon aus, wenn ich nur an diese Situation dachte. Also verschärfte ich zu Hause die Übungsbedingungen. Ich ging mit Finley, ganz im Gegensatz zu meinen sonstigen Gepflogenheiten, zu den Gassi-Stoßzeiten spazieren.

Ich ließ Finley frei laufen und sendete jedes Mal ein Stoßgebet gen Himmel. Der Vorteil dieser Methode war, dass wir immer nur auf einen Hund oder maximal zwei bis drei Hunde gleichzeitig trafen. So konnte Finley den Kontakt zu seinen Artgenossen entspannter aufnehmen als auf dem Übungsplatz mit zwanzig bis dreißig frei laufenden Hunden.

Mir fiel auf, dass Finley sehr viel souveräner war, wenn er nicht angeleint war. Ich lernte ihn ganz neu kennen und konnte seine Körpersprache immer besser deuten. Er reagierte sehr feinfühlig auf die Zeichen der anderen Hunde. Ich war erstaunt. Wollte einer keinen Kontakt, drehte er ab. Mein Vertrauen in ihn wuchs und mein Vertrauen in mich wuchs auch.

Dann war es soweit. Ich hatte alle Papiere eingepackt, unsere Startgebühr war bezahlt. Finley und ich fuhren zu unserer ersten Prüfung. Niemand wusste etwas davon, außer Philipp. Er begleitete mich und kümmerte sich um Finley, solange ich den Papierkram erledigen musste. Als wir ausstiegen, war Finley leider wieder ganz der alte Haudegen. Er war außer Rand und Band. Er zerrte an der Leine und verbellte andere Hunde. Weil er ein gestörtes Verhältnis zum Autofahren hatte, konnte ich ihn auch nicht in den Kofferraum setzen. Philipp musste ein Stückchen mit ihm laufen.

Erika und ihre Vizechefin Doris hatten uns mit Adleraugen betrachtet. Sie tauschten vielsagende Blicke aus. Ich stand in der Schlange und wartete darauf, dass meine Papiere bearbeitet würden. Nachdem das geschehen war, nahm mich Doris zur Seite und sagte: „Ähm, also ich ... also wir ... meinst du wirklich, dass ihr hier heute teilnehmen solltet?“ Ich sah sie erstaunt an und erwiderte: „Ja klar, sonst wären wir ja nicht gekommen.“ Doris hakte nach: „Ähhh, also Erika und ich und ein paar Züchter haben uns überlegt, ob es nicht vielleicht besser wäre, wenn ihr nicht antretet.“ Ich sah sie ungläubig an und sagte: „Doris, wir haben alles bis zum Umfallen geübt, wir schaffen das hier.“

Doris versuchte es noch einmal: „Also, es ist ja so. Wenn ihr hier heute durchfallt, dann wirft das auch kein gutes Licht auf unseren Platz. Nur mal so...“ Ich kann das Gefühl von Enttäuschung, das mich in diesem Moment durchflutete, kaum mit Worten beschreiben. Wir hatten hart, bis zur Besinnungslosigkeit geübt. Erika hatte uns immer bestärkt und mich glauben lassen, dass sie und die Übrigen vom Platz hinter uns stehen würden. Jetzt, unmittelbar vor der Prüfung, schmissen die freundlichen Menschen aus dem heiteren Verein uns unter den Bus, weil sie Angst um ihr Renommee hatten? Wir sollten es nicht einmal versuchen dürfen?

Ich war perplex, sagte Doris kurz angebunden, dass ich darüber nachdenken würde. Dann winkte ich Philipp zu mir und übernahm Finley. Er war immer noch angespannt, aber ich wusste ja inzwischen, dass das ein vorübergehender Zustand war und dass ich ihn noch ein wenig herunterfahren konnte. Ich bat Philipp, der versammelten Trainerriege mitzuteilen, dass ich den Welpenauslauf bis zum Beginn der Prüfung für mich beanspruchen würde. Außerdem solle er meinen Vereinskameraden kurz und knapp mitteilen, dass Finley und ich antreten würden.

Philipp war diese ganze Hundevereinskiste eigentlich total egal, aber an diesem Morgen war er stinksauer auf die Leute. Er musste zur Arbeit und verabschiedete sich mit den Worten: „Zeig's ihnen, Birgit!" Ich ging mit Finley im Auslauf auf und ab. Alle anderen Hunde mussten an uns vorbeigehen, einige schnupperten am Zaun. Das gab Finley die Möglichkeit, im geschützten Raum schon mal Kontakt aufzunehmen und die anderen zu beschnuppern. Anscheinend hatte er mit niemandem ein Problem. Einzig ein heller Rüde, etwa genauso alt wie er, hatte geknurrt und Finley hatte, wie sollte es anders sein, zurückgeknurrt.

Der Besitzer des Rüden, sein Name war Jens, kam noch einmal ohne den Hund an den Zaun und sprach mich an: „Mit unseren beiden könnte es ein Problem geben." „Das sehe ich genauso, also was machen wir?", antwortete ich. „Ich würde vorschlagen, wir gehen immer in entgegengesetzte Richtungen und halten die Zwei so auseinander", schlug Jens vor. Ich nickte, und so machten wir das auch.

Was soll ich euch erzählen, Finley bestand seinen Wesenstest mit Bravour und bekam eine sehr faire Beurteilung. Mit hocherhobenem Kopf gingen wir von der Wiese. Erika erwartete uns und wollte mich umarmen, sie rief: „Wie toll, da hat sich unsere Arbeit ja gelohnt." Ich gab ihr artig die Hand und unterdrückte den Impuls, sie in den seitlich gelegenen Komposthaufen zu schubsen. Die externe Prüferin übergab mir unsere Urkunde. Ich freute mich insbesondere für Finley. Er hatte den ganzen Zweiflern auch mal seine sonnige Seite zeigen können. Und wenn ich ganz ehrlich bin, mischte sich ein klitzekleiner Hauch triumphalen Siegestaumels in mein Glücksgefühl. Wir hatten es ihnen gezeigt, Philipp.

KAPITEL 15

DER RAUSWURF - „DEN ANWEISUNGEN DES PLATZCHEFS IST FOLGE ZU LEISTEN...“

„Michael, du glaubst nicht, was ich dir zu erzählen habe. Finley hat gerade eben seinen Wesenstest bestanden.“ Aufgeregt wie nie hatte ich gleich nach der Prüfung bei Michael, meinem Züchter, angerufen. „Is‘ nich‘ wahr, Wahnsinn. Gratulation an euch beide“, antwortete er überrascht. „Ich wollte sowieso mal mit dir sprechen. Ich habe nämlich einen kleinen Anschlag auf dich vor.“

„Oha, worum geht es?“, fragte ich. Wie sich herausstellte, bewertete Michael meine Fortschritte mit Finley ganz anders als ich. Während ich immer noch das Gefühl hatte, dass ich ganz am Anfang stand und immer noch stark an mir zweifelte, war Michael mit uns offensichtlich ganz zufrieden. „In zehn Monaten gehe ich als Trainer zurück auf den Retrievertrainingsplatz in Bargteheide. Wollt ihr nicht mitkommen? Ich dachte mir, du könntest da selber die Trainerausbildung bei mir machen“, sagte Michael.

WHAAAATTT???? Hatte ich mich verhört? Ich rang um Worte: „Ähm, hahaha ... ich weiß nicht so recht ... kicher ... äh, wieso ich ... glucks ... ich meine, alles läuft schief ... also, Lust hab‘ ich schon ... oh Gott, kann ich das überhaupt?“ Ich hörte mich an, als wollte ich mich jede Sekunde vollkommen geistiger Umnachtung hingeben. Finley lag neben mir im Gras und betrachtete mich sorgenvoll. Meine Vernunft und mein Wunschdenken fochten ein paar Runden auf der Planche aus und am Ende siegte das Wunschdenken. Ich sagte ja. Ja zum neuen Platz, ja zur Ausbildung und umarmte meine Eitelkeit.

Erikas Platz zu verlassen fiel mir nicht schwer. Wie der Zufall es wollte, hatte Erika mich nach der bestandenen Prüfung und der Siegerehrung zu einem Gespräch hinter das Vereinshäuschen gebeten. „Tja, also nu isses ja so, wir haben eine Platzordnung“, sagte sie. Es folgte eine bedeutungsschwere Pause, in der ich mir das Hirn zermarterte, was sie mir damit sagen wollte. Sie fuhr fort: „Unter Punkt 6 steht ‚den Anweisungen der Platzchefin ist Folge zu leisten‘.“ Wieder Pause. Ich verstand immer noch nicht. Was hatte ich denn getan oder nicht getan, dass ein Krisengespräch notwendig wurde?

Ich ließ den ganzen Tag Revue passieren. Anmeldung? Vorschriftsmäßig erledigt! Startgeld? Schon lange bezahlt. Buffetbeitrag? Abgeliefert! Wesenstest? Mit Bravour bestanden, Renommee gerettet. Ich war ratlos, ich hatte weder Senf in meinen Kuchen eingebacken noch hatte ich vor versammelter Mannschaft an die Hauswand gepinkelt, so wie Erikas Ehemann es gerade getan hatte. Dann sagte sie: „Wenn ich dir ausrichten lasse, dass du nicht zur Prüfung antreten sollst, dann trittst du auch nicht an! Du bist aber angetreten, deshalb musst du den Platz verlassen. Sowas woll'n wir hier nicht."

Wow, ich war sprachlos. So etwas war mir im echten Leben wirklich noch nie passiert. Bisher war es mir noch immer gelungen, mich in jedes Team einzugliedern. Erikas Ton war unverschämt, die Gründe ihrer Entscheidung waren kaum nachzuvollziehen. Irgendetwas an ihrer Haltung hielt mich davon ab, eine Diskussion zu starten. Ich hielt mich an die Worte meiner Omi: „Birgit, mit total verbohrten Leuten lohnt sich keine Diskussion. Spare deine Energie und tue, was du für richtig hältst." Ich sah Erika also an und antwortete: „Grundsätzlich, liebe Erika, entscheide nur ich, was ich tue und was ich lasse. Deine Platzordnung verpflichtet mich nicht zum Kadavergehorsam. Betrachte das als kostenfreie juristische Aufklärung. Schönen Tag noch."

Dann nahm ich Finley, packte ihn kopfschüttelnd ins Auto und fuhr nach Hause. Positiv betrachtet, nahm ich aber eine der wichtigsten Erkenntnisse für Finleys und meine gemeinsame Zukunft mit vom Platz. Wenn es darauf ankam, konnte ich mich auf Finley verlassen. Eben noch tobte er an der Leine, wollte sich nicht beruhigen und knurrte seine Mitprüflinge an. Aber auf den Punkt, zu Beginn der Prüfung hatte er irgendeinen Schalter umgelegt, war voll da und fokussiert. Wir konnten also als Team agieren. Das sollte ich in Zukunft immer wieder mit ihm erleben. Michael drückte es später einmal so aus: „Der Hund ist eine Rampensau".

Außerdem lernte ich auf dem Platz in Kayhude meine **achte Hundehalter-Lektion:** ***Manchmal lernst du auf Hundeplätzen viel mehr über Menschen als über Hunde.***

Bei Erika Düffler hatte ich gelernt, dass hinter der Fassade überschäumender Jovialität durchaus ein engstirniger Charakter sein Unwesen treiben kann. Vereinshundeplätze, das habe ich immer wieder erlebt, haben ihre eigenen Gesetzmäßigkeiten. Allgemeingültige Wort- und Satzbedeutungen bekamen auf einem Hundeplatz plötzlich ganz andere Inhalte.

Redete man in sozial normal strukturierter Umgebung von Vereinsmitgliedern, meinte man auf Hundeplätzen damit den Hofstaat des Platzchefs. Redete man von Vereinsleben und lustigem Miteinander, meinte man damit auf dem Platz, dass viele fleißige Bienchen der Platzchefin oder dem Platzchef bis zur Selbstaufgabe die unangenehmen Arbeiten abnehmen und ansonsten deren Anordnungen, ohne Widerworte Folge zu leisten hatten. Zu diesen Arbeiten gehörten das regelmäßige Mähen der Rasenflächen, das Entsorgen des Rasenschnitts, gerne auch mit dem eigenen Pkw, Reparaturarbeiten am Vereinshäuschen und der Umzäunung des Platzes sowie das Spenden der dafür nötigen Materialien.

„Vielleicht hat ja auch jemand einen Grill abzugeben, oder besser noch zwei?“ Denn das nächste Sommerfest kommt bestimmt. Dann sollten die Bienchen bitte für ein reich gedecktes Buffet sorgen. „Bitte zahlt einen Obolus von 25,00 Euro pro Person in die Platzkasse, damit wir lecker Würstchen für euch kaufen können. Wir suchen noch Spender für die Grillkohle.“

Auf die Bienchen war Verlass, sie zahlten in die Kasse ein und legten sich richtig ins Zeug, unermüdlich, unerschütterlich, unfassbar fleißig. Ich habe auf Hundeplätzen schon Buffets gesehen, die auch gut und gerne in einem Viersterne-Hotel hätten serviert werden können. „Oh, und könnte vielleicht noch jemand Besteck, Teller und Becher mitbringen? Für etwa 60 Leute? Wer kann Prosecco spendieren? Servietten wären auch schön, wir wollen ja manierlich essen."

Meine Ex-Platzchefin Erika Düffler höchst selbst hatte immer für die Unterhaltung gesorgt. Sie stellte einen Generator zur Verfügung, damit wir auf den etlichen Festivitäten ausreichend mit Musik von Wolle Petry und Helene Fischer versorgt werden konnten. Zu den Klängen von „Aaaatemlos durch die Nacht ..." und „Waaaahnsinn, warum schickst du mich in die Hölle, HÖLLE, HÖLLE, HÖLLE...", spülte sich das Geschirr von sechzig Leuten schon sehr viel schwungvoller von der Hand. „Kann bitte jemand die Geschirrhandtücher vom Platz mit nach Hause nehmen und waschen?"

Im Grunde genommen kam das Vereinsleben auf diesen Plätzen einer sukzessiven Gehirnwäsche gleich. Menschen, die im richtigen Leben als Anwälte, Ärzte, Handwerker oder Journalisten mit beiden Beinen fest im Leben standen, kuschten auf dem Hundeplatz, als hätten sie ihre Würde, kurz bevor sie den Platz betraten, am Holzzaun erhängt. Sie buhlten um die Gunst der Platzchefin, wie 17-jährige Mädchen auf einer Misswahl, um die Zuneigung der Jurymitglieder wetteiferten.

Natürlich war diese Gehirnwäsche auch bei mir nicht ganz folgenlos geblieben. Ich hatte blind jede Übung durchgeführt, die mir auf dem Platz abverlangt wurde. Allerdings war mein Gehorsam diesem Obedience-Effekt von Erikas strengem Regiment nicht vollständig zum Opfer gefallen, jedenfalls nicht, wie Erika Düffler es offenbar erwartet hatte. Mein Dickkopf verhinderte das Schlimmste, er arbeitete auf Hochtouren, sobald ich den Hundeplatz betrat. Oder anders ausgedrückt, ich war keines dieser Bienchen gewesen.

Leider konnte mein Dickkopf nicht verhindern, dass mein Hundebesitzer-Selbstbewusstsein rissig geworden war. Zu diesem Zeitpunkt war ich fest davon überzeugt, dass ich einen dieser Vereinshundeplätze brauchte, um meinen Finley richtig zu erziehen. Es sollte noch zwei Vereinshundeplätze lang dauern, bis ich mich davon gänzlich frei machen konnte.

Doch zurück zum Tag des Rauswurfs. Ich wollte mir meine gute Laune und meine Freude über den bestandenen Wesenstest nicht verderben lassen. Also konzentrierte ich mich auf Finleys und meine Zukunft. Zu Hause angekommen, berichtete ich Philipp von meinem Rauswurf. Was mein Mann ganz die Stimme der Vernunft mit den Worten „die hat sie doch nicht mehr alle“ kommentierte. „Und nun“, fragte er, während er „seinen“ Hund, der gerade eine Prüfung mit Plakette bestanden hatte, ins Koma streichelte.

„Tja, weißt du, ich habe mit Michael telefoniert. Ich mache im kommenden Jahr eine Trainerausbildung bei ihm“, erzählte ich meinem Mann.

Philipp war eigentlich kein Freund von großen Gefühlsausbrüchen. Jetzt stand er da, schlug sich auf die Schenkel, bog sich vor Lachen und rang nach Worten: „Mmpffhahahahaaaa, ... oh Mann, hahaha, ist ja mal ne Neuigkeit ... heheheeeee, da hat er sich ja die Richtige, mmpffffhahahahaaa ... viiiel Glück ... oh Mann oh Mann ... das wird furchtbahahaha ...“ Und dann: „Finja, Linnea, das glaubt ihr nicht. Mama wird HUNDETRAINERIN!!!“ Aus Finjas Zimmer ertönte ein trockenes „Ohgottohgott, wir werden alle sterben“. Linnea kam um die Ecke und sagte: „Geeeenaaauuuuuu und ich lass mich zur englischen Königin krönen.“ Family Support, so wichtig!

Eigentlich konnte ich es meiner Familie nicht verübeln, dass sie sich über meinen Entschluss lustig machten. Es war mit Finley beileibe nicht alles wie geschmiert gelaufen. Ein kleines bisschen mehr Euphorie für meinen Entschluss hätte mir aber gutgetan. Trotzdem ließ ich mich nicht so leicht entmutigen. Ich musste erst in zehn Monaten auf dem Platz in Bargteheide auftauchen. Bis dahin konnte ich noch viel lernen. Ich googelte nach Hundeschulen und Hundetrainern in meiner Umgebung.

Da gab es schon diverse Möglichkeiten. In einem der anderen Walddörfer warb eine Hundeschule mit unterschiedlichen Hundesportarten, unter anderem Dogdance. Das war eigentlich nicht, was mir vorschwebte, war das Bei-Fuß-Gehen ja noch immer eine unserer Großbaustellen. Aber hey, warum immer nur dem Ernst im Leben den Vorrang geben? Wo blieb denn da das Vergnügen? Entschlossen, ein wenig Leichtigkeit in unsere Beziehung zu bringen und weil mir im Leben offenbar nichts erspart bleiben sollte, gab ich meinem inneren Impuls nach und meldete uns zu einem Tanzkurs namens „Tango auf sechs Pfoten" an.

KAPITEL 16

TANGO AUF SECHS PFOTEN ODER BEI FUSS FÜHRT AUCH EIN WEG ZUM ZIEL

„Das linke Bein muss höher“, rief Annette, meine neue Hundetrainerin. „Jetzt das Gleichgewicht halten und deinem Hund mit der rechten Hand das Zeichen für den Sprung geben.“ Annette gehörte die Hundeschule „Wuffwuff, zwo, drei“ im Nachbardorf. Die 30-Jährige hatte eine professionelle Tanzausbildung absolviert und brachte ihr Können nun in die Hundeerziehung ein.

Was sie von mir verlangte, war leichter gesagt als getan. Ich balancierte auf meinem rechten Fuß, streckte mein linkes Bein vertikal geradeaus und hoffte das Beste. Annette hatte ihr Zertifikat im How-to-motivate-Bestagers-Kurs offenbar mit Auszeichnung gemacht und zeigte mir ein enthusiastisches Daumenhoch.

Finley sollte jetzt, möglichst ohne Körperkontakt zu mir, über mein ausgestrecktes Bein hüpfen, und dann in einem Halbkreis um mich herumlaufen und sich an meine rechte Seite setzen. Ich war skeptisch.

Die Aufgabe sah vor, dass ich nun mit einer ausladenden Geste meines rechten Armes eine Einladung an Finley aussprechen sollte. Finley saß fest getackert, etwa zehn Meter von mir entfernt auf dem Rasen. Er sah mich sorgenvoll an und tat freiwillig erst einmal gar nichts. „Nicht aufgeben, Birgit. Lass das Bein oben. Er muss wissen, dass du das ernst meinst“, flötete Annette. Ehrlich gesagt, war ich mir in diesem Moment selber nicht sicher, ob ich das Ganze ernst meinte. Meine Freundin Wiebke, ihr kennt sie ja schon, betrachtete mich von der Seite und unterdrückte ein Kichern. Danke Wiebke, ich habe dich auch lieb.

Ich ignorierte die Schwerkraft, merkelte mir in Gedanken ein „Wir schaffen das“ zu und holte aus. Mit einer sehr schwungvollen, gleichgewichtsgefährdenden Geste, ähnlich der des Conferenciers aus dem Musical Cabaret, beugte ich mich leicht vor. Ich lächelte schief und führte meine rechte Hand halbkreisförmig über mein linkes Bein und betete. Mein inneres Ooohhhmmm stand in Frack und Zylinder bereit und sang dazu: „Willkommen, bienvenue, welcome!

Fremder, ètranger, stranger ... Glücklich zu sehen ... Je suis enchantè ... Happy to see you ... Bleibe, reste, stay...".

Tatsächlich sprintete Finley los, juhu. Die folgende Szene läuft heute noch in Zeitlupe vor meinem inneren Auge ab. Finley sprang hoch, sein Oberkörper segelte elegant über mein Knie hinweg ... dann (seufz) stieß er sich mit seinen Hinterläufen an Wade und Oberschenkel ab und segelte weiter. Mein linkes Bein hingegen machte einen Spin zum rechten Fuß, säbelte diesen vom Boden und ich machte eine kapitale Bauchlandung auf dem frisch gemähten Rasen.

Das passierte so schnell, dass es mir nicht mehr gelang, den Sturz abzupuffern. Ich fiel aufs Gesicht, verspürte einen stechenden Schmerz an meiner Nase und um meinen Kopf herum flogen plötzlich kleine bunte Vögelchen. Tschiep, tschiep, tschiep...

Da lag ich nun bäuchlings auf einer Wiese im Nachbardorf, gleich neben Supermarkt und der Kirche. Für ausreichend Publikum war also gesorgt. Vorhang auf, wir präsentieren ihnen die Komikerin der Truppe ... Applaus bitte. Und als wäre das nicht genug, hatte sich Finley neben mir auf den Rücken gedreht und stahl mir die Show.

Annette war zu mir gelaufen, kniete sich neben mich und rief bühnendramatisch: „Oh.Mein.Gott! Bist du verletzt, ist ein Arzt unter den Zuschauern???" Noch ein wenig benommen versuchte ich, sie zu beruhigen. Gleichzeitig probierte ich, das gemähte Gras aus meinem Mund loszuwerden: „Laschpft mal Annpfftette ... alles bähhh gut. Würg, spuck..." Aus der Zuschauergruppe löste sich ein älterer Herr und kam auf uns zu und sagte schneidig: „Ich bin Dr. med. Kawinski, Arzt bei der Bundeswehr. Treten sie zur Seite, ich kann wohl helfen."

Ich rappelte mich auf und drehte mich zu ihm um. „Woll'n wir doch mal sehen, ob die Nase gebrochen ist", sagte er geschäftig. Ohne weitere Vorwarnung griff er nach meiner Nase und rüttelte sie hin und her, so wie meine Tante Hilde es früher immer bei ihren Weihnachtsbesuchen gemacht hatte. Es machte Knacks, mir schossen die Tränen in die Augen. Was immer da in meinem Gesicht schief gewesen war, hatte Dr. med. Knochenbrecher wieder eingerenkt. Also Hände an die Hosennaht Birgit und Dankbarkeit vortäuschen.

Annette war begeistert und bedankte sich überschwänglich: „So lieb von ihnen, uns zu helfen. Dann können wir uns ja den Krankenwagen ersparen. Wie kann ich ihnen meine Dankbarkeit zeigen? Ich weiß etwas! Haben sie einen Hund? Ich schenke ihnen drei Tanzstunden in meiner Hundeschule. Rufen sie mich einfach an."

Der Bundeswehrdoktor sah sie an, als hätte er gerade eine ernstzunehmende Borderline-Störung bei ihr diagnostiziert und schüttelte den Kopf. Offenbar war Oberstabsarzt Kawinski nicht sehr angetan von der Vorstellung, seine Kameraden könnten ihn dabei erwischen, wie er zusammen mit seinem Hund zu Tangoklängen über unsere Kirchenwiese tänzelte. Sehr vernünftig der Mann.

Stattdessen kam Dr. Kawinski zu mir und sagte: „Für sie ist hier heute Morgen Schluss, meine Liebe. Fahren sie nach Hause und kühlen sie ihr Gesicht, sonst bekommen sie ein kapitales Veilchen." Er gab mir einen Klaps zwischen die Schulterblätter und ging ohne ein weiteres Wort. Annette nahm meine Hand und nickte beflissen. Ihr schien etwas auf der Seele zu liegen. Zögernd fragte sie mich: „Du kommst aber doch nächste Woche wieder, oder?" Ich nickte benommen und wirbelte dabei die bunten Vögelchen, die immer noch meinen Kopf umkreisten, ordentlich durcheinander.

Wiebke hakte sich bei mir ein und sagte: „Ich gehe mit dir." Und an Annette gewandt: „Ich bringe Birgit sicher nach Hause und verarzte sie." Wir waren zu Fuß zum Kurs gegangen, hatten also einen Heimweg von etwa 20 Minuten vor uns. Wiebke warf mir immer wieder besorgte Blicke zu. Kurz bevor wir mein Haus betraten, sagte sie: „Erschrick mal nicht, wenn du in den Spiegel guckst. Ist leider alles schon ein bisschen geschwollen."

Ich schaute natürlich sofort in den Spiegel und entgegen aller Warnungen erschrak ich mich zu Tode. Um meine Nase herum war mein Gesicht angeschwollen. Die Schwellungen eroberten langsam den Bereich unter meinen Augen. Von Minute zu Minute wurden diese Areale dunkler. Am Ende hatte sich ein rauchiges Nachtblau entwickelt. Ich sah aus wie ein Panda. Die Schwellungen konnte ich durch Kühlung wieder etwas verringern, die Pandamaske blieb mir erst einmal erhalten.

Die Aufmerksamkeit meiner Töchter war mir jedenfalls sicher.

„Mein Gott, du siehst ja aus wie nach einer Kneipenschlägerei", sagte Finja erschrocken. Gleich darauf hatte sich meine Älteste wieder gefangen und ergänzte, „... also nach einer Kneipenschlägerei, die du ganz klar verloren hast."

Linnea hatte das gehört und kam zu uns in die Küche: „Alter, das mit dem Schminken üben wir aber noch mal. Weniger ist mehr, Mutti." Ich musste lachen. Ein stechender Schmerz durchfuhr mich und ich verzog mein Gesicht. Finja, ein großer Fan aller Batman-Filme, gab mir den Rest: „Wenn du dein Gesicht so verziehst, siehst du fast aus wie der Joker. Vielleicht wirst du ja noch berühmt." In diesem Moment fragte ich mich, ob der Joker wohl auch Kinder hatte und ob das eventuell Einfluss auf die Entwicklung seines mordlustigen Charakters gehabt haben könnte ...

Wie auch immer, in der nächsten Woche standen Finley und ich wieder auf der Wiese vor der Kirche. Ich hatte mich mit Annette telefonisch darauf geeinigt, dass Finley und ich nur noch Übungen machen wollten, bei denen ich beide Füße auf dem Boden behalten konnte. Das würde, so Annette, zwar ihren kreativen Flow beeinträchtigen, wäre aber angesichts der Ereignisse der letzten Woche wohl angemessen. Es sei eben nicht jede Frau eine geborene Ginger Rogers. Dankeschön Annette, es ist eben auch nicht jede für den Job einer Ballettmeisterin an der Staatsoper geboren worden.

Meine Freundin Wiebke tanzte wundervoll mit ihrer Pudelhündin Nelly. Nelly hatte für einen kurzen Zeitraum ihrer Nachbarin gehört, dann war die Nachbarin gestorben. Von den Erben der alten Dame konnte keiner die kleine Hündin übernehmen. Da Wiebke ohnehin wieder einen Pudel haben wollte, fügte sich alles zum Guten und Nelly zog bei ihr ein. Wenn die zwei ihre Choreographie tanzten, nahmen sie mich gefangen. Alles sah so leicht aus, so harmonisch und synchron. Dagegen wirkten Finleys und meine Darbietungen, wie der Aufmarsch der Transformers, kurz bevor sie den Angriff der Decepticons abwehren wollten.

Für uns stand schon in Woche drei fest, dieser Tango-Kurs würde für uns der Letzte sein. Wir blieben nur deshalb bis zum Ende des Kurses, weil Wiebke mir androhte, sie würde mir die Freundschaft aufkündigen, wenn ich den Dienst quittieren würde.

Heimlich suchte ich schon nach einer anderen Hundeschule. Inzwischen war ich zu der Erkenntnis gelangt, dass Finley und ich uns wohl doch besser auf die Basics, wie Leinenführigkeit, bei Fuß gehen und einfach mal kommen, wenn Frauchen gerufen hatte, konzentrieren sollten. Ich hungerte danach, dass Finley besser an der Leine lief, obwohl ich eingestehen muss, zu diesem Zeitpunkt hatte ich absolut keine Ahnung, was unter Leinenführigkeit zu verstehen war. Bei Fuß gehen, gab es da feste Regeln? Wie ich bald feststellen sollte, verstanden auch die Hundetrainer, mit denen ich telefonierte und bei denen ich dann Probestunden nahm, jeweils etwas anderes darunter.

Ich fasse die mir angebotenen Definitionen mal kurz zusammen:

- *Bei Fuß gehen, auf der linken Seite des Menschen, weil dieser vor 100 Jahren auf seiner rechten Seite das Gewehr getragen hatte, oder aber egal auf welcher Seite, weil heutzutage keiner mehr straffrei mit einem Schießprügel durch die Gegend latschen kann.*
- *Während des Laufens bitte, ohne zu schnüffeln, den Hundeführer ansehen oder alternativ in die Ferne schauen und von einem entspannten Leben träumen.*

- *Sich fortbewegen, aber nicht durch Pinkeln unterbrechen, das wäre respektlos der Hundeführerin gegenüber, hätte sie doch das Recht, ihre Route als Erste zu markieren. Altes, über Generationen überliefertes Rudelführergesetz!*
- *Bedürfniserledigung nach vorherigem Freigabesignal wäre okay.*
- *Hund läuft an langer, lockerer Leine, vor, neben oder hinter dir, wenn eine Anarchisten-Seele in dir wohnt. Hund läuft hinter dir, aber niemals vor dir, als Hundebesitzerin kennst du schließlich deinen Wert und du bist ja die ... ratet ... richtig, die Rudelführerin.*
- *Während des Laufens mit dem Hund reden, das sei gut für die Bindung, oder aber lieber nicht quatschen, denn was zu Hause den Gatten nervt, nervt den Hund erst recht.*
- *Bei Fehlverhalten ein deutliches NEIN raushauen, oder lieber ein sanftes SCHADE säuseln, weil das Wort „Nein" schon tierschutzrelevante Gewaltausübung wäre. Alternativ den Hund ignorieren und dann, wenn Wohlverhalten folgen sollte, großes Kino, knuddeln, mit Leckerchen anfüttern und loben, loben, loben.*

In dieser Zeit kam ich aus dem Stadium einer gewissen Grundverwirrung nicht heraus. Meine Odyssee durch unzählige Hundeschulen begann. Ich musste mit einem am Kurzführer hängenden, empörten Finley 45 Minuten im Stechschritt auf- und ablaufen. „Der gibt schon irgendwann auf", brüllte der Platzchef. Pustekuchen, dachte ich, da kennst du meinen Rüden aber schlecht. Während sich der Platzchef an dem Glauben festbiss, dass Finley einknicken würde, war mein Hund bereits der Widerstandsbewegung beigetreten. Motto: Ich könnte ja, aber ich will halt nicht! Was das angeht, war Finley wahrscheinlich schon längst Mitglied der französischen Hunde-Ehrenlegion und trug stolz die „Medaille de la rèsistance".

Der nächste Trainer verlangte von mir, ein Baum zu sein. Ich sollte jedes Mal, wenn ich Zug auf der Leine spürte, konsequent stehen bleiben und erst dann weitergehen, wenn Finley lockerließ, und das freiwillig. Ihr vermutet wahrscheinlich schon richtig. Wir verbrachten die Unterrichtsstunde im Stehen und waren kurz davor, Wurzeln zu schlagen. Die anderen Teilnehmer und ihre Streberhunde flanierten um uns herum. Könnt ihr euch noch an eure Schulzeit erinnern? Es gab ja immer diesen einen Schüler in der Klasse, der unterirdisch schlecht in allem war? Er war der Garant dafür, dass uns eine schlechte Note unter der Klassenarbeit nicht ganz so wehtat, weil es ja immer noch jemanden im Klassenverband gab, der noch übler dran war. In dieser Hundeschule waren das Finley und ich.

Ihr könnt mir glauben. Zu Hause schenkte ich mir, ob der gerade erst erlebten Blamage, erst einmal ein Eierlikörchen ein. Na ja, vielleicht auch zwei oder drei ...

Die nächste Hundeschule, in der Finley und ich landeten, hieß „Hundiversum". Die Trainerin war ein Geheimtipp in unserer Vorstadt. Gisela, ehemalige Sozialpädagogin, sagte: „Du musst deinen Hund zuerst im Universum treffen." Ich soll was? Ach, was soll's, dachte ich. Ich war verzweifelt, zu allem bereit, wenn ich nur einmal 100 schmerzfreie, entspannte Meter mit diesem Hund schaffen könnte, würde ich mich dafür auch in den Orbit schießen. Gisela weiter: „Wir bauen jetzt deine Chakren auf." Sie gab mir die Anweisung, die Arme auszubreiten, über den Platz zu schreiten und dabei folgende Sätze zu skandieren: „Ich KANN das", „Folge mir" und „ICH bin das Universum!" Ziel war es, dass Finley von mir so hingerissen sein sollte, dass er mir fortan bedingungslos folgen würde. Also stolzierte ich wie eine bekiffte Sektenchefin, kurz bevor sie ihre Anhänger in den kollektiven Selbstmord trieb, über das grüne Gras. Derweil betrachtete mich mein Rüde vom Rasenrand aus und organisierte für mich einen spontanen Kurzaufenthalt in den Alsterdorfer Anstalten. Bedingungsloses Folgen, keine Spur.

Ich war erschöpft, Finley auch, wir brauchten eine Pause. Ich begann, mir die richtigen Fragen zu stellen. Was war mir wichtig im Zusammenleben mit meinem Hund? Was davon entsprach auch Finleys Charakter? Kadavergehorsam war von ihm nicht zu erwarten und den wollte ich auch nicht. Ich musste lernen, ihn besser zu verstehen, dann würden wir gemeinsam einen Weg finden. Zahlreiche Seminare zum Thema Hundeverhalten, Lerntheorien und Jagdverhalten folgten. Dort lernte ich, die Signale meines Hundes zu deuten, seine Aufmerksamkeit bei mir zu halten. Und je besser ich ihn verstand, desto kooperativer wurde Finley. Und viel wichtiger, wir hatten plötzlich viel Spaß miteinander. Ich bekam Seminar- und Teilnahmebestätigungen, bestand Prüfungen und wurde etwas sicherer.

Diese Erfahrungen aus dieser Zeit sind für mich heute ein zentraler Ausgangspunkt meiner Arbeit als Hundetrainerin. Ich bin sehr offen für die Nöte und Emotionen anderer Hundebesitzer. Ich schaue immer zuerst, was ich dem Menschen abverlangen kann. Ich versuche, den Menschen zu stützen, nicht zu demoralisieren. Schließlich ist er das halbe Team. Dann betrachten wir gemeinsam den Hund. Welche Möglichkeiten und Hypotheken bringt er mit? So entstehen für jedes Team individuelle Trainingsstrukturen.

Für Finley und mich gilt inzwischen leben und leben lassen. Es ist nicht mehr von Bedeutung, ob er neben, vor oder hinter mir läuft. Wichtiger ist, dass ich jederzeit seine Aufmerksamkeit erlangen kann, und das klappt gut. Die übrige Zeit darf er schnuppern, sich lösen und in die Ferne gucken. So konnte auch Finley sich entspannen. Wir sind jetzt ein Team, kämpfen nicht mehr gegeneinander. Der Begriff Leinenführigkeit ist dehnbar. Er bedeutet genau das, was ein Team braucht, um zufrieden zusammen leben zu können. Es gibt nicht nur den EINEN Weg.

KAPITEL 17

VEREINSGEDÖNS MIT HEITEREN MENSCHEN

„Also das ist sie. Birgit wird hier von mir zur Hundetrainerin ausgebildet. Schön wieder hier zu sein. Hartmut sagt gleich noch was dazu, aber ich bin jetzt euer Ausbildungsleiter", sagte Michael. Da stand ich nun, in der Mitte auf dem verregneten, von Schlamm durchzogenen Vorplatz des Trainingsgeländes, auf dem ich nun die nächsten Jahre meine Freizeit verbringen sollte. Michaels Worte riefen bei den Umstehenden eine eher verhaltene Reaktion hervor, was ich auf den Nieselregen schob, der auf unsere Köpfe herunter prasselte. Ich hob die Hand, winkte und sagte: „Ich freue mich auf unsere gemeinsame Zeit." Sie hatte also begonnen meine Ausbildung zur Hundetrainerin im VLHHM, dem „Verein für Lustige Hunde und Heitere Menschen".

Um der Situation ein bisschen Würze zu verleihen, fügte Michael noch hinzu: „Birgits Hund ist übrigens ziemlich schwierig." Weitere Ausführungen dazu schenkte er sich. Finley und ich standen da wie zwei begossene Pudel. Ich schüttelte beschwichtigend den Kopf. Dass Finley sich in diesem Moment mustergültig benahm, bekamen viele der Gruppenmitglieder gar nicht mehr mit, weil sie sich inzwischen längst abgewandt hatten und zur Getränkebar gegangen waren. Hartmut Pelzhagen, der betagte Platzchef, kam zu mir, tätschelte meinen Arm und sagte: „Das wird schon. Wenn Michael sagt, dass du das kannst, dann ist das so." Was für ein angenehmer Mensch, dachte ich.

Angetan von Hartmuts freundlicher Art, ging ich mit ihm zum Getränkestand und holte uns auch einen Kaffee.

Nach und nach stellten sich meine „Vereinskameraden" bei mir vor. Smalltalk bei Kaffee und Kuchen und das jeden Sonntag. So eine nette Runde, dachte ich.

Was ich zu diesem Zeitpunkt noch nicht wusste, war, dass es immer wieder Spannungen auf dem Bargteheider Platz gegeben hatte. Und das war vorsichtig ausgedrückt. Ich war mit meinem Dazukommen in die Schusslinie einer schon Jahrzehnte währenden Blutfehde geraten. Seit mehr als zwanzig Jahren hatte es immer wieder Störfeuer auf diesem Platz gegeben. Diese Konflikte schwelten zwischen einerseits Michael und der zweiten Ausbilderin, deshalb zweitens zwischen Hartmut und Michael, drittens wiederum zwischen Hartmut und der anderen Ausbilderin, viertens zwischen den Züchtern untereinander, fünftens ...

Manchmal war es schlicht kindliche Missgunst gewesen, die das Blut zum Kochen gebracht hatte. Wer war besser qualifiziert? Natürlich glaubte jeder der langjährigen Ausbilder und Ausbilderinnen, das sei er/sie. Welche Gruppe hatte mehr Zulauf? Tatsächlich war das ein Punkt, den beide Ausbilder nur durch ihr Trainingsangebot hätten beeinflussen können. Ich hörte im Vorbeigehen, wie Ute, eine Züchterin sagte: „Gut, dass Michael wieder da ist. Frischer Wind hat gefehlt."

Eigentlich sollte es ja um die Hundeausbildung gehen, aber für Konstanze, die zweite Ausbilderin auf dem Platz, war es existentiell wichtig, dass sie mehr gemocht wurde als Michael. Michaels Haltung dazu würde ich so umschreiben: „Ich finde mich klasse, ich weiß, was ich kann und wenn mir einer quer kommt, hau ich hier wieder in den Sack!" Ich hing irgendwie dazwischen. Da ich von Michael mit auf den Platz gebracht worden war, stand für viele der Betroffenen schon fest, auf wessen Seite ich stehen würde. Und „Birgit Sorglos", die zu diesem Zeitpunkt von all dem nichts wusste, dümpelte naiv und ohne schusssichere Weste zwischen den Duellanten hin und her und bewegte sich mit schlafwandlerischer Sicherheit durch den Kugelhagel, vorerst zumindest.

Die Situation war auch deshalb so unangenehm, weil ich während meiner Ausbildung, laut Vereinsstatuten, nicht nur von Michael unterrichtet werden sollte, sondern auch von Konstanze und Hartmut, in deren Gruppen. Jeder dieser Trainer hatte „sein" System, wie er seine Hunde erzogen hatte, und gab es nun weiter an mich. Die Aufgaben waren auf dem Platz seit Jahren fest verteilt. In Konstanzes Junghundegruppe lernten die Teilnehmer den Grundgehorsam. Michael war für das Dummy-Training zuständig. Die Hunde in seiner Gruppe hatten die Grundausbildung schon durchlaufen.

Hartmut war der Chef des Ganzen und betreute die Welpen. Wenn, wie zurzeit, keine Welpen auf dem Platz waren, schnappte er sich seine Harke, zu der er offensichtlich ein geradezu obsessives Verhältnis entwickelt hatte. Während die Gruppen ihren Unterricht machten, harkte er den Vorplatz, bis die Grasnarbe tiefe Riefen aufwies oder stand am Zaun ... auf seine Harke gestützt ... und betrachtete versonnen das lustige Treiben auf der Trainingswiese.

Am Sonntag darauf entstand zwischen Michael und Konstanze der erste Disput. „Sie sollte bei mir anfangen. Schließlich müssen alle Hunde auch erst mal zu mir, bevor sie in deine Dummy-Gruppe dürfen", sagte Konstanze zu Michael. Michael zog hörbar die Luft ein: „Ich wollte Birgit eigentlich allein ausbilden. Dafür müssen wir die Gruppe tauschen, dann hast du mit Birgits Ausbildung gar nichts zu tun." Teufel auch, dachte ich, die Gabe der Diplomatie ist stark in diesem da.

Natürlich ließ sich Konstanze ihre Gruppe nicht einfach wegnehmen. Wortreich setzte sie sich zur Wehr: „Ich habe es ja gewusst! War ja klar, dass du hier unnötig Unruhe auf den Platz bringst ... genauso wie früher", fuhr sie Michael an, „Hartmut, was sagst du dazu, du bist der Platzleiter, du entscheidest."

Alle Augen richteten sich auf Hartmut. Dem war das augenscheinlich sehr unangenehm. Aus Gründen, die ich bis heute nicht verstanden habe, drückte mir Hartmut seine Harke in die Hand und sagte: „Mach doch mal den Welpenauslauf sauber." Dann ließ er mich stehen und ging zu seinen beiden Ausbildern.

Verdutzt ging ich zum Welpenauslauf, nur um festzustellen, dass Hartmut aber auch nicht ein einziges Blatt zum Wegharken für mich übriggelassen hatte. Ich ging also zurück, stellte mich in die Nähe des kleinen Dreiergrüppchens, stützte mich auf Hartmuts Harke und konnte gerade noch den Rest des Streits hören. Konstanzes Stimme war schrill, ihr Kopf war rot angelaufen: „Ich kenn den Leiter des Vereins-Ausbildungsausschusses. Wenn ich

Birgit nicht auch ausbilden darf, dann sorge ich dafür, dass sie in unserem Verein niiiiemals Ausbilderin wird!“ Oha, dachte ich, hier ging es ja richtig zur Sache.

Hartmut gab als „Chef“ eine nicht sehr überzeugende Vorstellung. „Konstanze, guck doch mal, der Michael hat ein paar gute Pläne für den Platz ... äh, wir könnten es doch einmal versuchen ... Nein? Wie schade ... du siehst es ja Michael, ich habe es versucht, das wird so wohl nichts, einigt euch einfach ... öhhh, wo ist meine Harke ...“ Hartmut tat das, was ihn offenbar am meisten stärkte. Er griff nach seiner Harke und nahm mir damit den einzigen Halt weg, den ich zurzeit auf diesem Platz hatte. Konstanze und Michael stritten sich derweil weiter.

Ich dachte über Hartmuts schwache Vorstellung nach. Hatte er nur einen schlechten Tag gehabt? Michael hatte mir vor ein paar Wochen erzählt, er habe Hartmut ein paar Bedingungen gestellt, damit er als Ausbilder auf den Platz zurückkommen würde. Dazu gehörte, dass er mich ausbilden wollte und dass er der Ausbildungsleiter auf dem Platz werden sollte. Hartmut habe freudig zugestimmt, hatte Michael mir damals berichtet. Offenbar hatte Hartmut die Veränderungen vorher aber nicht mit Konstanze abgeklärt. Nun bekam er Druck und knickte ein. Dass Platzleiter in Krisensituationen kein Rückgrat zeigten, sollte ich in Zukunft noch häufiger beobachten können.

Zu diesem Zeitpunkt betrachtete ich den Streit auf dem Platz noch als Ausnahmesituation. Heute muss ich selber lachen über so viel Naivität. Am folgenden Sonntag wurde ich also Konstanzes Gruppe zugeteilt. Die „Junghundegruppe II“, wie Konstanze sie nannte, war gedacht für Hunde, die eigentlich schon alles kannten, was ein Hund so wissen musste. Bei Konstanze in der Gruppe sollten sie den Feinschliff bekommen. Wie sich herausstellte, war der einzige Hund, der diese Voraussetzungen erfüllte, mein Finley. Auch wenn noch nicht alles perfekt lief, wurden wir das Vorführpaar. Wer hätte das jemals für möglich gehalten.

„Heute üben wir den Rückruf“, rief Konstanze in die Runde,

„und zwar zuerst nur auf der Pfeife." Diese Ansage war den Teilnehmern offenkundig vertraut. Wie in Trance, absolut synchron, als wären sie Mitglieder der Standard-Tanzformation Grün-Gold-Wadenbruch e.V., zogen alle gleichzeitig ihre Hundepfeife aus der Tasche und hingen sie sich um den Hals. Konstanze sah ihre Leute zufrieden an: „Wir üben jetzt den Pfiff." Ich war irritiert. Der Pfiff für den Rückruf war ein schlichter Doppelpfiff. Was gab es da großartig zu üben?

Und dann legten sie los, die Vereinskameraden, und zwar alle gleichzeitig. In lockerer Folge erklangen Doppelpfiffe aus zwölf Hundepfeifen. Konstanze hatte dazu beide Hände in die Höhe gehoben, als dirigiere sie das Hamburger Symphonieorchester. Finley zuckte zusammen und suchte das erste Mal in seinem Leben Schutz hinter mir.

Ich selber hatte alle Mühe, nicht in schallendes Gelächter auszubrechen. Okay, dachte ich, wir sind bei Jugend musiziert.

Bei genauem Hinhören konnte ich die Pfiffe sogar einigen Pfeifen ... äh, Pfeifenden zuordnen. Luise zum Beispiel war eher zurückhaltend. Ihr Pfiff kam einem schüchternen Flüstern gleich. Ute pfiff in gleichmäßigem Stakkato, Karin neben ihr versuchte offenbar das Notsignal SOS zu pfeifen, wofür sie mein vollstes Verständnis hatte.

Und dann waren da Oswald und Jochen, die ihren ganz persönlichen Trällerfight eröffnet hatten. Sie standen sich gegenüber und pfiffen sich mitten ins Gesicht. Auf Oswalds Tüt, Tütt ... Tüt, Tütt folgte umgehend Jochens Tüt, Tüüüt ... Tüt Tüüüt! Immer wieder versuchte der eine, den anderen von seinem eigenen Rhythmus zu überzeugen. Die Hunde der Flötentruppe trippelten aufgeregt auf und ab, einige bellten, andere scheuten an der Leine. Ihre verzweifelten Blicke schienen zu sagen: „Jahaaaa, HIER, wir haben es verstanden. Wir sind doch schon daaaa!"

Am Ende des Wettstreits gab Jochen noch einmal alles. Er atmete tief ein, seine Wangen blähten sich auf. Er wurde eins mit seiner Hundepfeife. Tüüüt TÜÜÜÜÜÜT!!! Der Pfiff verendete in einem nicht enden wollenden Hustenanfall. Jochen musste sich erschöpft setzen. Erst als Hartmut ihm ein frisch geöffnetes Bier reichte, konnte sich der Mann wieder beruhigen. Die Hunde kamen leider nicht so schnell wieder zur Ruhe. Finley hatte ich rechtzeitig aus dem Klangfeld entfernt und ins Auto gebracht. Noch nie war er so bereitwillig eingestiegen wie an diesem Tag.

Mir brachte das einige Kritik ein. „Die Hundepfeife gehört zum Retriever-Training. Das muss dein Rüde aushalten können", sagte Konstanze. „Genau", mischte sich Jochen ein, „was soll denn erst passieren, wenn wir hier schießen." Ich schluckte.

Wie das wohl aussehen würde, fragte ich mich. Vor meinem inneren Auge sah ich, wie Luise, Karin, Oswald, Jochen und die anderen sich auf der Wiese versammelten. Konstanze würde etwas wie, „Heute üben wir das Schießen", sagen. Woraufhin alle, wie in Trance, ihre Pistole aus der Jackentasche ziehen würden. „Wir überprüfen heute eure Schussfestigkeit", würde Konstanze sagen. Daraufhin positionieren sich Oswald und Jochen Face-To-Face und ... der Rest ist Kino-Geschichte. Ich kicherte, was natürlich nicht die erhoffte Reaktion auf Konstanzes Rüge war.

Ich wandte mich an Konstanze und sagte: „Finley ist schussfest. Das wurde schon auf einem anderen Platz festgestellt. Da mach dir mal keine Sorgen. Mit Hundepfeifen kommt er auch gut klar, solange sie nicht in Orchesterstärke auftreten. Eure Hunde fanden das im Übrigen auch nicht cool."

Konstanze schnaubte entrüstet, und während ein paar Meter hinter ihr Pelle, der genervte Rüde von Oswald, Jochens Otto vermöbelte, sagte sie: „Das macht unseren Hunden üüüüberhaupt nichts aus." Aha.

Ich warf einen Blick auf Michael. Der grinste nur still vor sich hin. Konstanze trieb die Gruppe weiter an, sie wollte ihr Programm durchziehen. „Wir legen die Hunde an die lange Schleppe", sagte sie. Aus ihrem lilafarbenen Rucksack zog die Trainerin eine etwa zwanzig Meter lange Nylon-Wäscheleine und knotete diese an Pelles Halsband. Ich sah ihrem Gefummel irritiert zu. Das konnte doch wohl nicht ihr Ernst sein. Würde einer der Golden an dieser Leine durchgehen, wäre es selbst für den ein Meter neunzig großen Oswald schwierig, ihn schmerzfrei zu halten.

Mein damaliger Tierarzt hatte mir einmal von einer Untersuchung berichtet, in der die Zugkraft unterschiedlicher Hunde festgestellt worden war. Danach hatte man etwa 80 Kilopond Zug auf der Leine, wenn ein 30 Kilogramm schwerer, gut bemuskelter Hund durchstartet. Das wäre in etwa damit vergleichbar, als wolle man einen VW Polo mit bloßen Händen daran hindern, loszufahren.

Auf unserer Hundewiese hatte Konstanze nun eine zwanzig Meter lange Leine an einem etwa 38 Kilogramm schweren, sehr sportlichen Rüden festgemacht. Pelle hatte im Vergleich zu den Versuchshunden also die vierfache Strecke, um Anlauf zu nehmen. F = m x a, Kraft ist gleich Masse mal Beschleunigung. Zweites Newtonsches Gesetz, das ist einfache Physik. Erhöht man die Variablen der Formel, steigert das zwangsläufig die Zugkraft. Oder in Hundeplatzsprache: Je länger die Leine, desto größer die Schmerzen bei der Person am anderen Ende der Leine.

Konstanze winkte mich zu sich heran. „Birgit, nimm du mal die Leine in die Hand. Dann kann Oswald sich auf den Rückruf konzentrieren“, sagte sie und hielt mir die Wäscheleine hin. „Och, weißt du Konstanze, ich guck mir das erst einmal bei dir an “, entgegnete ich. Die Vorstellung, von Pelle über den ganzen Platz geschleift zu werden, fand ich nicht besonders erstrebenswert. Konstanze murmelte etwas von einem „zarten Pflänzchen“ und wickelte sich das Ende der Leine um ihr rechtes Handgelenk. Dann zeigte sie mir ihre umwickelte Faust und sagte: „Man muss nur gaaanz festhalten.“ Okaaayyy, dachte ich, mach das mal.

Dann erklärte sie Oswald ihren Versuchsaufbau. „Du wirfst einen Dummy. Wenn Pelle den Dummy aufgenommen hat, dann pfeifst du nach ihm. Du gibst erst auf, wenn er zu dir läuft.“ Ich dachte über das Gesagte nach. Das mit dem Dummy hätte funktionieren können, wenn Pelle und Oswald schon weit genug vorgebildet gewesen wären. Das Gleiche galt übrigens auch für den „Hier-Pfiff". Ob das so war, konnte ich damals noch nicht beurteilen, da ich sie als Team ja erst das zweite Mal beobachtete. Warum Oswald „aufgeben" sollte, sollte Pelle auf ihn zulaufen, erschloss sich mir nicht. Wäre ich an Konstanzes Stelle gewesen, hätte ich Oswald vielleicht noch den Hinweis gegeben, dass er nicht weiter werfen solle als die Leine lang war. Aber was wusste ich schon, ich zartes Pflänzchen ...

Oswald griff sich einen Dummy und holte aus. Mit aller Kraft warf er den Dummy. Wie es schien, war Oswald in einem früheren Leben wohl mal Hammerwerfer gewesen. Jedenfalls brach seine Wurfweite jeden Landesrekord der letzten 20 Jahre. Pelle hechelte schon, seitdem sein Herrchen zum Dummy gegriffen hatte, vor lauter Vorfreude. Als der Dummy mit einem dumpfen „Wu-ummppp" auf dem Rasen landete, startete er durch. Zwanzig Meter Anlauf, den Focus auf die Beute gerichtet, nahm er nichts mehr wahr. Er zog die Leine stramm, die Schlaufe um Konstanzes Handgelenk zog sich zu und im nächsten Augenblick flog meine Ausbilderin einen Meter durch die Luft und landete unsanft auf ihren Knien.

Pelle hatte den Dummy noch nicht erreicht, also zog er weiter an der Leine. Konstanze rutschte deswegen in Bauchlage und glitschte hinter dem Hund her. „Aua! Oswald, tu doch was", schrie sie Pelles Herrchen zu. Und Oswald griff traumwandlerisch zu seiner Hundepfeife: „Tüt, Tütt ... Tüt, Tütt!" Michael grinste, Luise schlug sich die Hände vor die Augen und Hartmut harkte. Ich glaube, das war der Moment, in dem ich erkannte, dass das geballte Hundewissen dieses Platzes nicht mein einziger Input bleiben durfte, wenn ich Hundetrainerin werden wollte. Ich entschloss mich, zusätzliche Ausbildungsseminare zu besuchen, außerhalb des VLHHM.

KAPITEL 18

„DER PLATZLEITER IST TOT, ES LEBE DIE PLATZLEITUNG!“

„Das einzig Wichtige im Leben sind die Spuren von Liebe, die wir hinterlassen, wenn wir weggehen“, zitierte der zitierte Pastor Immelmann den Arzt und Philosophen Albert Schweitzer. Aus den Sitzreihen des Kirchenschiffs der Erlöserkirche in Todendorf erklangen leise Schluchzer. Konstanze saß auf der ersten Kirchenbank gegenüber von mir und schnäuzte laut in ihr Taschentuch.

Neben ihr saßen Hartmuts Frau Ilse, seine Tochter Anne und seine Enkelkinder.

„Für alle kam sein Sterben überraschend, er hatte noch so viel vor. Er teilte die Erde Achtundsiebzig gesegnete Jahre mit uns. Nun hat ihn ein Herzinfarkt dahingerafft.“ Pastor Immelmann beugte sich über den mit roten Nelken geschmückten Sarg und sprach den Verstorbenen direkt an: „Hartmut, ich habe dich auf deinem Hundeplatz als einen umsichtigen, den Hunden zugewandten Trainer kennengelernt. Ich bin sehr traurig, dass dich mein fünf Monate alter Pauli nicht mehr kennen lernen wird.“

Während der Organist „Näher mein Gott zu dir“ auf der Kirchenorgel spielte, bedeutete er Konstanze mit einer Geste, dass sie die Kanzel betreten sollte, um den Verstorbenen nun ihrerseits, als Vertreterin des Hundeplatzes, zu ehren. Konstanze erhob sich von der mit kunstvollen Holzfresken verzierten Bank, bückte sich und zog Hartmuts Harke unter der Bank hervor. Der Stiel des Gartengerätes war mit Mohn- und Kornblumen umwickelt, ähnlich wie man es von Erntedankfesten kannte. So ausgestattet, stieg sie die zwei Stufen zur Kanzel hinauf und positionierte sich vor dem Mikro.

Sie ließ ihren verhangenen Blick über die Trauergemeinde schweifen und sagte: „Nun muss es ohne Hartmut weitergehen, für Ilse genauso wie für uns andere.“ Und an den Sarg gerichtet: „Hartmut, wir schaffen das! Du kannst dich auf mich verlassen. Ich werde den Platz in deinem Sinne weiterführen.“ Ach du liebes bisschen, dachte ich, was soll DAS denn werden? Wollte Konstanze die Nachfolge auf dem Platz direkt von der Kanzel aus regeln? Ilse guckte irritiert. Hartmuts Tochter Anne presste ihre Lippen aufeinander. Michael lief rot an und starrte schlecht gelaunt auf die Rednerin. Ich war mir sicher, er rechnete fest damit, dass er Hartmuts Nachfolge auf dem Platz antreten würde. Schließlich war er der Ausbildungsleiter.

Konstanze bekam davon augenscheinlich nichts mit. „Wenn wir in Zukunft mit unseren Hunden über unsere Wiese gehen werden, werden wir zwangsläufig an dich denken müssen, lieber Hartmut. Das wird schwer, aber wat mut dat mut.“ *(„Wat mut dat mut“ ist Plattdeutsch für: Wir werden mit dem Unabwendbaren irgendwie klarkommen.)*

In den letzten Wochen war zwischen Luise, Ute und mir eine Freundschaft entstanden. Auf der Kirchenbank saß ich zwischen den beiden. Ute schüttelte leicht den Kopf. Luise sog hörbar die Luft ein. „Spinnt die? Das ist so unpassend.“ „Typisch Konstanze ... aus allem ihren eigenen Vorteil ziehen“, flüsterte Ute. „Na, da ist das letzte Wort sicherlich noch nicht gesprochen worden“, erwiderte Luise.

Ich schwieg. Ich wollte den Rest von Konstanzes Rede nicht verpassen. Sie war nämlich noch nicht fertig: „Es war nicht immer leicht mit uns beiden, lieber Hartmut, aber irgendwie haben wir uns ja jedes Mal wieder zusammengerauft. Nimm dies zur Erinnerung an deine Truppe mit in dein Grab.“ Und ehe es jemand hätte verhindern können, ergriff sie die mit Blumen geschmückte Harke und legte sie längs auf den Sarg, mitten in den mit Nelken bestückten Familienkranz. Das war zu viel für meine Impulskontrolle. Ich beugte mich vornüber. Es schüttelte mich. Mit aller Kraft versuchte ich, mein Lachen zu unterdrücken. Tränen liefen mir über die Wangen. Ute hatte ihren Arm um mich gelegt. Sie beugte sich zu mir runter, auch sie hatte zu kämpfen. Nur Luise behielt die Fassung und verteilte Papiertaschentücher an uns.

Pastor Immelmann sprintete auf die Kanzel und versuchte, die Situation einigermaßen zu retten. Ilses Mine war versteinert. Konstanze sollte ihr in den nächsten Tagen wohl besser aus dem Weg gehen, dachte ich. „Nun nimm Herr diesen deinen Sohn Hartmut zu dir in dein Reich. Tröste die Trauernden, umarme die Verzagten und stütze die, die sich verlassen fühlen. Wir beten jetzt das ‚Vater unser'." Stille trat ein. Als Pastor Immelmann „Amen" sagte, öffnete sich die Kirchentür.

Die Sargträger des Beerdigungsunternehmens kamen gemessenen Schrittes den Kirchengang herunter. Sie positionierten sich an den Tragegriffen des Sarges. Ohne eine Miene zu verziehen, so als wäre eine gebrauchte Gartenharke mitten im Trauergesteck der Familie etwas ganz Normales, schulterten sie den Sarg und trugen Hartmut durch das Kirchenschiff zum Ausgang.

Respekt, meine Herren, Respekt!

Draußen vor der Kirche warteten schon einige der Züchter des VLHHM mit ihren Hunden und standen Spalier. Hartmut war Züchter der ersten Stunde des Vereines gewesen. Jetzt war er auf seinem letzten Weg, begleitet von einer Gruppe Golden. Das empfand ich als angemessen. Denn mal abgesehen von Ilse und seiner Familie hatte Hartmut nichts mehr geliebt als Golden Retriever. Ich selber ging nicht mit zum offenen Grab. Ich wollte die Familie in diesem Augenblick des Abschieds nicht stören. Sollten die anderen doch machen, was sie wollten.

Nach der Beerdigung teilte sich die Trauergemeinde. Die Familie und Hartmuts enge Freunde trafen sich bei ihm zu Hause. Wir, die Hundeleute, wurden vom Verein und dem Platz Kayhude in den Todendorfer Dorfkrug eingeladen. Hunde seien willkommen, hatte auf der Einladung gestanden. Als Traineranwärterin konnte ich mich davor leider nicht drücken. Bei uns im Norden, speziell auf dem Lande nennt man das „Das Fell versaufen". In gelockerter Atmosphäre soll man beim Leichenschmaus Abschied nehmen und sich gemeinsam an die guten Dinge, die man mit dem Verstorbenen erlebt hatte, erinnern.

Der Vereinsvorsitzende, Heinrich Garms, hatte den Ballsaal des Dorfkruges angemietet. Die Tische waren in U-Form angeordnet. Am Kopf nahm der gesamte Vereinsvorstand Platz. Wir anderen verteilten uns an den Seiten. In der Mitte des U's wurden die Hunde abgelegt. Das Ganze hatte etwas von der Rittertafel in Camelot. Es hätte mich kaum verwundert, hätte der Vereinsvorsitzende im Laufe des Nachmittags ein Schwert in den Boden des Gasthofes gerammt.

Serviert wurde ein dreigängiges Menü. Auf jedem Platz lag eine eigens gedruckte Speisekarte mit Vereinslogo. Es gab deftige Hausmannskost. Das hätte Hartmut sicherlich gefallen.

SPEISEKARTE

Im Gedenken an den Verstorbenen Hartmut Pelzhagen.
Trainer und Züchter im VLHHM,
Wesensrichter, Prüfer für Begleithundeprüfung A und B,
Prüfer für Dummyprüfung A bis C, Hundefreund

Vorspeise
Klare Hühnerbrühe mit Kalbsbrät und Brot
wahlweise
Tomatensuppe mit Croûtons

Hauptgang
Bratkartoffeln mit Remoulade und Roastbeef
wahlweise
Matjes Hausfrauenart mit Bratkartoffeln

Dessert
Tiramisu mit einer Tasse Espresso
wahlweise
Rote Grütze mit Vanillesoße

Die Getränke gehen bis 15.00 Uhr auf Kosten des Vereins.
Danach wird individuell abgerechnet.

Der Vereinsvorstand

Während ich meine Tomatensuppe aß, erzählte Ute mir: „Das mit der Nachfolge auf dem Platz wird ein Gemetzel werden, Birgit. Geh bloß rechtzeitig in Deckung.“ Sie erzählte, dass es schon häufiger zu unliebsamen Diskussionen auf dem Platz deswegen gekommen sei. Konstanze habe Hartmut schon vor zwei Jahren einmal gebeten, die Leitung des Platzes an sie abzugeben. Auch Michael habe es versucht. Auf seine unnachahmliche Art habe er Hartmut ziemlich deutlich gesagt, dass er zu alt für diese Position sei. Der darauffolgende Streit sei einem Erdbeben gleichgekommen und Michael sei beleidigt vom Platz getrottet und erst ein paar Jahre später mit mir zusammen zurückgekommen.

Einer der Golden stand auf und legte sich, angelockt vom Geruch meines Roastbeefs, zu meinen Füßen unter den Tisch. Erwartungsvoll blickte mich der Hund an. Ich sah ihn an, schüttelte bedauernd den Kopf und aß weiter. Ute berichtete weiter: „Hartmut hat sich von Anfang an abgesichert. Auf dem Platz weiß keiner, von welchem Bauern er unseren Platz gepachtet hatte. So wollte er verhindern, dass keiner von uns ein besseres Pachtangebot machen konnte.“ „Zustände wie in irgend so einer Soap-Opera“, bemerkte ich. Luise nickte und sagte: „Genau, es würde mich überhaupt nicht wundern, wenn er seine Nachfolge irgendwo schriftlich geregelt hat.“ Und da lag sie gar nicht so falsch.

Kling, Kling, Kling ... Heinrich Garms, unser Vereinsvorsitzende, hatte mit seiner Gabel an sein Glas geschlagen. Er wollte etwas sagen. „Oh ja, eine Rede“, rief Konstanze begeistert. Alle wurden still und waren neugierig darauf, was ihr Vereinsvorsitzender wohl zu sagen hatte. „Meine Lieben“, begann er und kam ohne Umschweife zur Sache. „Ihr werdet euch wohl fragen, wie es nun auf dem Bargteheider Platz weitergehen wird.“ Konstanze setzte sich gerade auf, ihr starrer Blick verriet, dass sie nicht wusste, was nun kommen würde. „Oh Mann oh Mann, jetzt kommt es“, sagte Ute. „Jetzt bin ich ja mal gespannt“, sagte Luise. Erbfolgeregelung beim Leichenschmaus? Wow, das war speziell, dachte ich.

„Ich habe im Vorfeld der Beerdigung mit Ilse und Anne darüber gesprochen. Als Hartmuts Erben müssen sie die Nachfolge für den Pachtvertrag regeln“, berichtete Heinrich. Es herrschte Totenstille. Was würden Heinrichs nächste Worte sein. Konstanze blickte gespannt auf den Redner. Er berichtete, dass weder Ilse noch Anne Interesse daran hätten, den Platz weiterzuführen. Konstanze entspannte sich etwas. Allerdings, so Heinrich, habe Hartmut seine Nachfolge testamentarisch geregelt, der Bauer sei informiert und einverstanden gewesen. Alles sei schon unterschrieben und in trockenen Tüchern. Michael verschluckte sich an seinem Bier und Konstanze sah aus, als würde sie gleich ohnmächtig vom Stuhl kippen.

„Und deshalb freut es mich, dass ich euch, dank Hartmuts Weitsicht, schon heute eure neue Platzleiterin vorstellen darf. Uschi, komm doch mal nach vorne.“ Heinrich reckte seine Hand in den Saal und eine kleine Frau mit blondem Dutt stand auf, ging auf ihn zu, drückte seine Hand an ihr Herz und sagte, „Danke Heinrich“. Konstanzes Kopf war hochrot angelaufen. Sie griff nach ihren Zigaretten und der Flasche Sekt, die auf ihrem Tisch stand und verließ wortlos den Saal. Ihre Hündin Lotte folgte ihr auf dem Fuße.

Uschi Dierks war die Platzleiterin des Hundeplatzes in Kuddewörde gewesen. Vor ein paar Monaten hatte die Gemeinde Kuddewörde den Pachtvertrag für ihr Gelände gekündigt. Die Fläche sollte in ein neues Baugebiet integriert werden. Als Züchterin war Uschi in Vereinskreisen bekannt. Für mich als Neuling war sie ein unbeschriebenes Blatt. Uschi erzählte uns, sie habe Hartmut um Hilfe bei der Suche nach einem neuen Platz gebeten, da er ja gute Kontakte zu den hier ansässigen Bauern gehabt hatte. Uschi weiter: „Nachdem wir nicht fündig geworden waren, haben wir eine schriftliche Übereinkunft getroffen. Meine Leute und ich kommen alle zum Trainieren zu Hartmut auf den Platz und im Gegenzug sollte ich die Platzleitung übernehmen, sollte Hartmut diese Aufgabe, aus welchen Gründen auch immer, nicht mehr erfüllen können. Tja und das kann er ja nun nicht mehr."

Sie lächelte in die Runde. „Also, ich freu' mich dann nächste Woche auf euch alle. Dann gebe ich den neuen Kursplan bekannt." Effizient schien sie ja zu sein, diese Uschi.

KAPITEL 19

„DER VORFALL“

Auf unsere erste Zusammenkunft nach Hartmuts Beerdigung war ich schon sehr gespannt gewesen. Uschi hatte Kuchen für alle mitgebracht und eine 20 Mann starke Truppe von ihrem alten Platz. „Die offizielle Vorstellung und was ich hier so machen möchte, das erzähle ich beim nächsten Mal. Heute lernen wir uns erst einmal zwanglos kennen“, hatte sie zu uns anderen gesagt. Es war, als würden zwei Dörfer, ohne Bürgerabstimmung, per Beschluss durch die Landesregierung zusammengelegt werden. Beide Seiten hätten, wenn sie die Wahl gehabt hätten, den Hundeplatz lieber allein für sich gehabt. Man begegnete sich mit Skepsis.

Natürlich hatten alle ihre Hunde dabei. Einige Züchter hatten sogar zwei oder drei ihrer Lieblinge mitgebracht. Es war eine Pfostenschau ohne Reglement. Die Hunde liefen herum, wo sie wollten, teilweise auch unbeaufsichtigt. Wer hatte die schönsten Deckrüden zu bieten, wer die besten Hündinnen? Finley war angesichts der vielen Hunde nicht gerade tiefenentspannt. Ich hatte ihn dann beiseite genommen und Michael die Leine in die Hand gedrückt. „Pass bitte auf, zu viele freilaufende Rüden. Es ist einfach zu eng hier.“ Er nickte gelangweilt. „Mach dir nicht so viele Sorgen, ich pass schon auf“, sagte er.

Ich war als „Azubi“ dazu verdonnert worden, das Kuchenbuffet aufzufüllen. „Naaa, was haben wir denn hier Schönes?“, fragte Ute. „Das da ist Bienenstich, links davon Rüblikuchen und was das ist ... keine Ahnung“, antwortete ich, „auf jeden Fall ist alles selbstgemacht.“ „Na klar, selbstgemacht. Genau wie die zwei anderen Torten, die da hinten noch auf uns warten“, mischte Luise sich ein, „Uschi setzt ihre Standards. Da geht unter einer selbstgemachten Torte aus Sacherböden mit Erdnuss-Buttercreme, mit frischen Himbeeren und Eierlikörfinish gar nichts.“ Der Sarkasmus in der Stimme meiner Freundin war nicht zu überhören.

„Tja Birgit, da wirst du uns in der Zukunft kulinarisch wohl einiges bieten müssen“, frotzelte Ute. Ich lachte und sagte: „Ich könnte da meinen Apfel-Blechkuchen mit Brandrändern und einem bissfesten Karamel-Topping kredenzen." Wer mich gut kannte, wusste, dass Backen nicht zu meinen Kernkompetenzen zählte. Während wir so weiter blödelten, hatte ich immer wieder einen Blick auf Finley und seine Umgebung geworfen. Im Moment lag Finley noch ruhig zu Michaels Füßen. Der hatte die Leine inzwischen fallen gelassen.

Mir war allerdings aufgefallen, dass dort zwei Rüden immer wieder versuchten, zu Finley zu gelangen, was dieser nun doch mit wachsender Unruhe quittierte. Hatte Michael das noch nicht gesehen? Ich mischte mich ein. „Wem gehören die beiden Rüden dort", fragte ich. Lieselotte Paulsen, eine der neuen Züchterinnen vom Kuddewörder Platz, hob die Hand. „Kannst du bitte darauf achten, dass deine beiden meinen Rüden in Ruhe dort liegen lassen", bat ich sie. Michael fühlte sich offenbar in seiner Ehre gekränkt, weil ich seiner Aufsicht nicht traute und sagte genervt: „Jetzt bleib mal ruhig, Birgit." Und während Lieselotte „die haben noch niiiiee, was gemacht" sagte, griffen ihre beiden Rüden meinen Hund an.

Die drei Rüden prügelten sich wie eine Gruppe Nordiren nach einer Sauftour am St. Patrick´s Day. Ich wollte eingreifen, doch da entschlossen sich die übrigen Rüden, bei der Keilerei mitzumischen. In diesem Moment hörte es sich an, als wollte die Welt untergehen.

Es war kaum noch auszumachen, welcher Körperteil zu welchem Hund gehörte. Ich hatte Finley in diesem kämpfenden Knäuel kurzfristig aus den Augen verloren. Da! Das konnte sein Hinterteil sein. Ich griff dem Hund meiner Wahl beherzt unter beide Lenden und zog ihn heraus aus dem Knäuel. Es war mein Rüde. Sein ganzer Körper pumpte, er knurrte und bellte. „Finley, ich bin es", rief ich. Er hörte mich nicht. Er war außer sich. Ich ließ ihn nicht los und zog ihn, die Hände unter seinen Lenden, rückwärts zu meinem Auto. Ute half mir und öffnete die Heckklappe.

Ich hob den sich sträubenden Finley in seinen Kennel und erst jetzt erkannte er mich. Er fiepte und jaulte und leckte über mein

Gesicht. Ich schloss den Wagen und wartete darauf, dass die Anderen ihre Hunde sicherten. Als ich mich umdrehte, herrschte immer noch das totale Chaos. Die Hunde griffen immer wieder an. Sie hatten wohl noch gar nicht gemerkt, dass Finley verschwunden war. Ihre Menschen waren mit der Situation weitgehend überfordert, auch die Trainer. Das gab mir sehr zu denken.

Ein paar endlose Augenblicke später war es geschafft. Jeder hatte seinen Hund und untersuchte ihn nach Verletzungen. Michael erkundigte sich bei jedem nach dem Befinden und untersuchte alle Hunde. Er hatte sich nicht ein einziges Mal nach Finley erkundigt.

Gleich darauf ging er mit der Gruppe zum Trainieren auf den Platz. Ich sollte mitgehen. Wortlos drehte ich mich um und ging zu meinem Wagen. Auf dem Weg sagte ich zu den verbliebenen Leuten: „Nehmt eure Hunde bitte an die Leine. Ich hole Finley jetzt aus dem Auto, ich konnte ihn bisher nicht nach Verletzungen untersuchen." „Ich will meinen aber nicht anleinen, der tut nichts mehr", sagte Lieselotte. Daraufhin sagte ich drohend: „Der nächste Hund, der Finley hier belästigen will, macht ne Schietreise! Dieses Mal kriegt er es mit mir ganz persönlich zu tun. Und ich bin gerade total sch... drauf."

Lieselotte nahm ihre Rüden Oskar und Emil daraufhin empört an die Leine und grummelte irgendetwas wie „keine Ahnung von Hunden" und ging auch auf den Platz. Ich kochte innerlich, sagte aber nichts, weil es jetzt erst einmal um Finley gehen musste. Als ich die Heckklappe öffnete, zitterte mein Bär am ganzen Körper. Ich hob ihn heraus und als ich ihn absetzte, war mein linker Arm blutverschmiert. Uschi war zu mir gekommen und sagte: „Oh Gott, wo kommt das ganze Blut her?"

Wir suchten und fanden einen Biss am rechten, vorderen Bein. Die eigentlich gefährliche Verletzung befand sich an der Innenseite des Oberarms. Der Unterbiss hatte einen ordentlichen Schaden angerichtet. Dort pumpte das Blut heraus. Offenbar war eine Arterie verletzt.

Uschi und ich legten Finley zusammen einen Druckverband an. Mir war richtig schlecht vor Sorge. Es war Sonntag. Mein Tierarzt hatte schon geschlossen und machte keine Notdienste.

Bei einer arteriellen Verletzung hatten wir aber nicht viel Zeit, herum zu fahren, um einen anderen Tierarzt zu suchen. Uschi ging auf den Platz und fragte Oswald um Rat. Oswald hatte schon auf dem Weg zu mir bei seiner Tierärztin angerufen, sie wartete auf uns. Die Praxis war nur zehn Minuten entfernt vom Platz, das war vertretbar. Und so fuhr ich Oswald hinterher und bat meinen Schutzengel, dass er sich ausnahmsweise mal mit verstärkter Kraft um meinen Finley kümmern sollte. Ute und Luise folgten uns, sie wollten mir beistehen. Michael stand bei der Gruppe und tat nichts.

Bei der Tierärztin war alles schon vorbereitet. Sie untersuchte Herz und Kreislauf und legte Finley dann in Narkose. Es gelang ihr, die Blutung zu stoppen. Dann erst konnte sie sich der eigentlichen Verletzung widmen. Sie sagte mir, dass es jetzt besser wäre, wenn ich im Wartezimmer warten würde, die OP würde einige Zeit dauern. Also ging ich nach nebenan und setzte mich dort auf die Bank. Ute nahm meine Hand und Luise legte ihren Arm um mich. Erst jetzt wurde mir bewusst, dass ich Finley auch hätte verlieren können und mir liefen die Tränen übers Gesicht.

„Das ist eine üble Verletzung", sagte die Tierärztin zu mir, nachdem sie die OP beendet hatte. Der Muskel an der Innenseite sei bis zum Knochen durchtrennt gewesen. Muskelgewebe würde nicht wieder zusammenwachsen. Wir könnten nur hoffen, dass das Gewebe knotenfrei vernarben würde. Es sei allerdings auch möglich, dass Finley eine Behinderung behalten würde. So oder so bestünde uns ein langer Heilungsprozess bevor. Ich hatte inzwischen zu Hause angerufen. Philipp war auf dem Weg zu uns. Als er angekommen war, warteten wir gemeinsam darauf, dass Finley aus der Narkose erwacht.

Langsam kam wieder etwas Bewegung in meinen Hund. Oswald war inzwischen nach Hause gefahren. Ich hatte Ute und Luise auch nach Hause geschickt. Sie fuhren aber erst, nachdem ich hoch und heilig versprochen hatte, mich später noch einmal bei ihnen zu melden.

Mein Baby blickte ganz benommen um sich, als würde er fragen, was macht ihr nur mit mir. Die gute Nachricht war, ich durfte ihn mit nach Hause nehmen. Finley war noch ganz benommen, als wir ihn in den Wagen legten. Zu Hause angekommen, trugen wir ihn in sein Körbchen, wo er seinen Narkoserausch ausschlafen konnten. Ich legte mir ein großes Kissen auf den Boden neben ihm und wachte über ihn. Ab und an, wenn er im Schlaf winselte, streichelte ich ihn, um ihn zu beruhigen.

Inzwischen hatte Uschi eine WhatsApp-Gruppe namens „Der Vorfall" eröffnet. Sie hatte mich und Lieselotte hinzugefügt:

Uschi: *„Hallo Ihr Zwei, wir müssen reden."*

Ich: *„??? ... okay"*

Lieselotte: *„Wieso?"*

Uschi: *„Ich möchte, dass wir uns über den Vorfall in dieser Gruppe austauschen. Birgit, wie geht es Finley? Wird er wieder?"*

Ich: *„Er ist schwer verletzt. Gerade OP hinter sich gebracht. Ob er wieder wird, ist noch offen."*

Lieselotte: *„Was soll das heißen?"*

Ich: *„Er bleibt vielleicht behindert."*

Uschi: *„Oh Gott!"*

Lieselotte: ------

Uschi: *„Lieselotte, schreib Birgit doch bitte die Adresse deiner Tierhaftpflichtversicherung und deine Versicherungsnummer auf."*

Lieselotte: *„Wieso? Uschi, halt dich da raus."*

Uschi: *„Wie bitte?"*

Lieselotte: *„Du weißt nicht, was passiert ist."*

Uschi: *„Doch, weiß ich wohl. ICH BIN HIER DIE PLATZCHEFIN! Der Vorfall ist auf meinem Platz passiert und ich werde darauf achten, dass hier alles rechtens abgewickelt wird."*

Lieselotte: *„Wir sind nicht schuld."*

Uschi: *„Lächerlich ...“*

Ich hielt mich erst mal zurück. Offen gestanden war ich groggy. Mein Hund war gerade zusammengebissen worden, danach zwei Stunden operiert worden und an seinem Verband suppte gerade das Blut durch. Für mich war das genauso schlimm als hätte sich eines meiner Kinder verletzt. Der Vorfall, wie Uschi das Hundeplatz-Gemetzel nannte, war mir an die Substanz gegangen. Michael, mein Züchter, Ausbilder und super Kumpel, hatte sich einen feuchten Furz um uns gekümmert und ich hatte gerade, ohne mit der Wimper zu zucken 800,00 Euro auf das Konto der Tierarztpraxis überwiesen, more to come. Mit anderen Worten, irgendwie war ich Uschi gerade ganz dankbar dafür, dass sie bereit war, meinen Kampf mit Lieselotte auszufechten, und ließ die Zwei mal machen. Finja kam herein, tätschelte mir den Kopf und brachte mir ein paar Kekse und eine heiße Schokolade. „Mir hilft das immer Mama, wenn es mir schlecht geht.“ Ein warmes Gefühl durchflutete mich.

Lieselotte: *„Was heißt hier lächerlich?“*

Uschi: *„Oskar und Emil haben Finley angegriffen. Der lag ganz friedlich da. Deine Hunde haben den Vorfall ausgelöst. Damit bist du verantwortlich. Das ist doch wohl klar.“*

Lieselotte: *„Hätte ich nicht von dir gedacht, Uschi.“*

Uschi: *„Was?“*

Lieselotte: *„Wir kennen uns so lange ...“*

Uschi: *„Ja und?“*

Lieselotte: *„Na, dass du dich gegen mich stellst.“*

Uschi: *„Ich agiere hier nicht als deine Freundin, sondern als Platzchefin. Und als solche muss ich die Situation neutral behandeln.“*

Lieselotte: *„Neutral ... soso ... Als es vor drei Jahren um deine Deckprämie ging, war ‚Neutral‘ total egal. Da habe ich dir geholfen, ohne Fragen zu stellen!“*

Uschi: *„DAS gehört hier nicht hin, Lieselotte!!!“*

Philipp kam rein und brachte mir einen steirischen Schnaps.

„Danke, mein Schatz“, sagte ich. Ich schluckte das brennende Gesöff auf Ex herunter. Philipp schenkte nach. Wie flüssiges Feuer rann der Obstler meine Kehle herunter. Er dimmte mich gerade soweit runter, dass ich diese WhatsApp-Unterhaltung aushalten konnte. Langsam trudelten noch mehr Nachrichten auf WhatsApp bei mir ein. Ute und Luise wollten wissen, wie die OP gelaufen war. Oswald schickte Genesungsgrüße und Herz-Emojis. Nahezu jeder aus meiner Trainingsgruppe meldete sich auf seine Weise bei mir ... nur Michael schwieg weiterhin.

Uschi und Lieselotte hatten sich inzwischen weiter gestritten. Thematisch arbeiteten sie dabei alle Konflikte ab, die sich in ihrer jahrelang währenden Freundschaft aufgestaut hatten. Da war die Rede von mutmaßlich getürkten Vorstandswahlen, von zu hohen Deckprämien, von Hündinnen, die angeblich zeitgleich von zwei Deckrüden gedeckt worden waren. Die andere konterte mit Gerüchten über vermeintliche Einflussnahmen auf Ausstellungsergebnisse, von nicht deklarierten Wasserköpfen beim XY-Wurf und alles gipfelte in dem gegenseitigen Vorwurf, die eine habe auf der letzten Weihnachtsfeier mit dem Ehemann der anderen geknutscht.

Das war ja alles sehr unterhaltsam, hatte aber nichts mit mir oder Finley zu tun. Ich hatte inzwischen den dritten, vierten, fünft..., ach egal, Obstler intus und fand, dass es Zeit wurde, ein wenig Würze in den Dialog zu streuen und das Gespräch der beiden wieder auf „den Vorfall“ zu lenken.

Ich: *„Lieselodde, meine liiiebe Hundefreundin und zukünftige Weggefährtin. Du hast die Wahl. Entweder gibst du mir deine Versicherungsdaten, oder mein Anwalt wird eben dir die OP- und Behandlungskosten art- und fachgerecht aus den Rippen leiern müssen. Was deine Hunde angerichtet haben, kostet neben sehr vielen Nerven auch schiete viel Geld. Wäre doch besser, deine Versicherung bezahlt das, als wenn du deswegen Doppelschichten in der Putzkolonne schieben müsstest. Zahlen wirst du so oder so! Das kannst du mir glauben.“*

Uschi: *„Genauso! Birgit, das sehe ich GENAUSO!!!"*

Lieselotte: *„Interkom Schweizer Versicherungs AG; Dudenstraße 34-42; 63110 Rodgau; Versicherungsnummer 83524-555666-SH462."*

WhatsApp: *„Ping! Lieselotte Paulsen hat die Gruppe verlassen."*

Uschi: *„Ich sag ja ... total lächerlich. Birgit, wir sehen uns am Sonntag. Deine Ausbildung läuft natürlich weiter."*

Ich: *„Uschi, ich würde dich bei der Versicherung gerne als Zeugin angeben. Geht das klar für dich?"*

Uschi: *„Null Problemo."*

WhatsApp: *„PING! Uschi Dierks hat Lieselotte Paulsen der Gruppe hinzugefügt."*

Ich hatte diese Nacht und auch die folgenden Nächte neben meinem Hund geschlafen. Finley war schwer angeschlagen. Leider hatte sich die Wunde trotz der guten Pflege entzündet. Deshalb mussten wir also zurück zur Tierärztin. Wieder Narkose. Die Wunde musste geöffnet, gesäubert und erneut frisch vernäht werden. Alles wieder auf Anfang und 300,00 Euro aufs Konto der Tierärztin. Die Rechnungen reichte ich zusammen mit meiner Schilderung des Tatherganges bei Lieselottes Versicherung ein. Uschi informierte ich in unserer WhatsApp-Gruppe über den Fortgang der Dinge.

Lieselotte hatte wohl inzwischen ein Einsehen gehabt und hatte meine Darstellung bei ihrer Versicherung bestätigt. Im Schreiben der Versicherung stand, ich solle auch zukünftig alle Rechnungen einreichen, sie würden 80 Prozent der Kosten übernehmen. Den Rest der Ausgaben müsse ich selber tragen, da ich allein durch die Tatsache, dass ich meinen Hund der Aufsicht einer anderen Person übergeben hatte, eine potentielle Gefahr für den Vorfall gesetzt hatte. Ich bin Juristin und ich wusste, dass es sich hier nicht lohnen würde, die restlichen 20 Prozent der Kosten einzuklagen. Ich war zufrieden mit der Abwicklung.

Ich schrieb Uschi in der Gruppe: *„Uschi, ich brauche vier freie*

Wochen, um mich auf Finley konzentrieren zu können. Wir müssen erst einmal herausfinden, wie wir ihn belasten können und wo die Grenzen sind. Danach komme ich gerne wieder und mache weiter."

Uschi: *„Natürlich, das geht klar. Hauptsache, du kommst wieder. Ich habe Pläne für dich."*

Lieselotte: *„Dramaqueen."*

Ich: *„Seufz..."*

Uschi: *„Lilo spinnst du jetzt?"*

WhatsApp: *„PING! Lieselotte Paulsen hat die Gruppe verlassen."*

KAPITEL 20

WIE PHOENIX AUS DER ASCHE - ES DAUERTE HALT ETWAS LÄNGER

Die Hundeplatz-Pause tat Finley und auch mir sehr gut. Sie half mir, den Kopf frei zu bekommen. Unsere Tierärztin hatte uns gesagt, dass Finley die ersten Wochen nie länger als 15 Minuten spazieren gehen dürfe, und das maximal zweimal am Tag. Davor graute mir ein bisschen. Wie sollte ich ihm das schmackhaft machen? Er war da andere Touren gewohnt. Also musste ich andere Wege finden, ihn zu beschäftigen. Der Körper konnte und durfte nicht, also musste ich den Kopf beschäftigen.

Zusammen mit den Mädchen überlegten wir uns kleine Aufgaben im Haus und im Garten für Finley. Er begleitete uns zu den Mülltonnen und trug uns dann immer eine Papprolle oder irgendetwas anderes dorthin. Später, als es ihm schon etwas besser ging, opferte Linnea ihr Osterkörbchen und wir packten es voll mit Zeitschriften oder anderem Papier, das in die Entwertung sollte. Wir erfanden immer wieder neue Becherspiele und ich gab Unmengen von Geld für Gedulds- und Intelligenzspiele aus Holz aus (was nicht unbedingt nötig gewesen wäre).

Die zweite Herausforderung, der wir uns stellen mussten, war, dass wir die OP-Wunde schützen mussten. Sie durfte nicht verschmutzen und wir mussten Finley daran hindern, dass er an dem Verband herumknabberte. Auch auf die Gefahr, dass ich mich anhöre wie eine aus der Zeit gefallene Nachkriegswitwe, Doggy Bodys, Protector Shirts oder Medical Shirts, so etwas gab es damals noch nicht. Wir waren auf uns gestellt und mussten uns selber etwas einfallen lassen.

Linnea und Finja sahen mir beim Verbandswechsel zu. Plötzlich fingen sie an, miteinander zu flüstern. Dann verschwanden sie und gleich darauf hörte ich Geräusche aus den Kinderzimmern. Eine halbe Stunde später standen sie stolz vor mir. Jede von ihnen hatte ein ausrangiertes Schlafanzugtop in der Hand. Eines für drinnen mit Bambi-Aufdruck und eines für draußen mit Lillyfee-Motiv. Sie fädelten Finleys Beine in die Ärmel ein, seinen Kopf steckten sie durch den Ausschnitt. So kam es dann, dass Finley die nächsten Wochen, bis seine Wunden äußerlich verheilt waren, immer sehr liebevoll und gut gekleidet war.

Seinem Selbstbewusstsein tat der pinke Glitzer-Look nichts. Die Verletzung allerdings und die damit verbundene Bewegungseinschränkung beeinflussten sein Verhalten enorm. Ein paar Verhaltensweisen, die wir in der Vergangenheit schon bearbeitet hatten, kamen mit Wumms zurück. Er fing wieder an zu pöbeln. Es war völlig egal ob Rüde oder Hündin, ob einen oder fünfzig Meter entfernt. Kam ein anderer Hund um die Ecke, eskalierte Finleys Verhalten. Das tat seiner frischen Wunde genauso wenig gut wie seiner Seele. Mein sonst so kontaktfreudiger Hund hielt alle anderen Hunde weiträumig auf Abstand.

Finley fühlte sich unterlegen und handelte prophylaktisch. Die anderen Hunde waren nicht aggressiv oder belästigten ihn etwa auf andere Weise. Ihr einziges „Vergehen" war, dass sie existierten und die gleiche Luft wie er atmeten. Verdammt, dachte ich, haben die Rüden auf dem Platz sein Sozialverhalten gleich mit kaputtgebissen? Ich war verunsichert. Können wir das wieder in den Griff bekommen?

Ich überlegte mir eine Strategie. Zuerst musste ich einmal den Stress für Finley reduzieren. Die Verletzung an sich und das dazugehörige Ereignis waren traumatisch genug gewesen. Wenn Hundebegegnungen zurzeit eine so große Belastung für ihn waren, dann sollten wir ihnen einfach für eine Weile aus dem Weg gehen. Wir suchten Örtlichkeiten zum Spazierengehen auf, die einsam waren. Wir liefen unsere Hunderunden nur zu den Randzeiten, wo ich annehmen konnte, dass wir wenig oder gar keine Artgenossen treffen würden. Parallel dazu begann ich ein leichtes Training mit Finley. Ich nutzte Aufgaben, die man sonst mit sehr alten Hunden machte. Diese Übungen waren schonend für die Gelenke und weniger belastend als viele Aufgaben aus dem normalen Hundesport.

Finley lahmte auf der rechten Seite noch stark. Deshalb wählte ich in Absprache mit unserer Tierärztin Übungen aus, die darauf ausgerichtet waren, dass er seine Beine möglichst gleichmäßig belastete. Ich wollte unbedingt verhindern, dass er sich, während er dem Schmerz auswich, eine Haltung angewöhnte, die für die übrigen Gelenke schädlich gewesen wäre.

In der ersten Zeit musste ich Finley gar nicht groß davon überzeugen, die Pfoten still zu halten. Es ging ihm richtig mies. Er war zahm wie ein Lämmchen. Er lag dicht neben mir, während ich meine Artikel und Kolumnen geschrieben habe und schlief die meiste Zeit. Wann hatte ich das überhaupt schon mal erlebt, dass Finley sich freiwillig ausruhte? Auch draußen beim Spaziergang änderte er sein Verhalten. Zum ersten Mal in seinem Leben ging Finley freiwillig bei Fuß, ohne dass ich es eingefordert hatte. Ich ertappte mich dabei, wie ich dachte, „eigentlich doch ganz schön". Im gleichen Moment schimpfte ich mich ein Rabenfrauchen. Schäm dich, Birgit! Dein Bärchen leidet.

Trotzdem muss ich in der Nachbetrachtung sagen, dass diese lange Zeit der Genesung einen positiven Effekt auf unsere Beziehung hatte. Es war eine unserer schwersten, aber auch intensivsten Phasen des Zusammenlebens. Wir achteten mehr auf das, was der andere brauchte.

Die gegenseitige Akzeptanz wuchs. Ich denke, in diesem Zeitraum habe ich aufgehört, Finley fremde Maßstäbe überzustülpen, wie eine schlechtsitzende Mütze. Ich warf einen selbstkritischen Blick auf mein Wertesystem. Was muss ein Hund können und welcher Anspruch für die Ausführung eines Befehls machte überhaupt Sinn? Bedeutete Bei-Fuß-Gehen, dass mein Hund direkt am rechten Bein gehen musste und dabei unentwegt schmachtend zu mir aufsehen musste? Ich fand das überflüssig. Ich wollte keinen schmachtenden Kadavergehorsam von meinem Hund. Ich wollte einen Weg finden, der mir gewährte Einfluss auf Finley zu haben, aber gleichzeitig auch seinen Charakter, seine Einzigartigkeit mit einzubinden.

Bleiben wir einmal bei dem Beispiel des Bei-Fuß-Gehens. Finley brauchte immer ein bisschen Abstand. Bisher hatte ich immer dagegen angekämpft und ihn dicht an meine Seite gezwungen, weil die Vereinsordnung das so vorsah. Das stellte ich sofort ab.

Auch wenn es nicht der Hundeplatz-Norm entsprach, akzeptierte ich von diesem Moment an sein Bedürfnis nach einem „Tanzabstand“. Das bedeutete in der Praxis, dass er etwa eine Armlänge Abstand zwischen mir und sich selbst brauchte, um entspannt an meiner Seite gehen zu können. Diese Erkenntnis und die Umsetzung unserer neuen Regeln beim Spazierengehen brachten nicht nur Finley etwas, sondern auch mir.

Auch ich konnte mich zunehmend entspannen, wenn wir unterwegs waren. Zeitgleich brach ich mit der Regel, das Bei-Fuß-Gehen immer bedeutete, dass der Hund an der linken Seite des Menschen gehen musste. Ich hatte nun mal kein verdammtes Gewehr über der rechten Schulter hängen (Ihr erinnert euch?). Das mag für Jäger Sinn machen. Im normalen Alltag ist es allerdings von Vorteil, wenn der Hund lernt, dass es Situationen gibt, in denen er an der rechten Seite Bei-Fuß-Gehen soll. Finley lernte also, dass „Bei Fuß“ bedeutete, links zu gehen und „Geh rechts“ das Signalwort für die rechte Seite war. Natürlich hielt er beide Seiten nach wie vor für komplett überflüssig, aber weiter ging mein Entgegenkommen nicht. Bei-Fuß-Gehen diente auch der Sicherheit meines Hundes, also musste er das lernen.

Über die Jahre durch die Arbeit mit Hunden unterschiedlichster Charaktere und Rassen weiß ich, jeder Hund hat seinen eigenen Tanzabstand. Mancher fühlt sich nur wohl, wenn er beim Laufen Körperkontakt hat. Andere gingen jägervorschriftsmäßig neben dem linken Bein, den Kopf auf Kniehöhe, als sei es in ihre DNA geschrieben.

Wieder andere, brauchten das Gefühl von Eigenständigkeit und Abstand beim Laufen. Sternchen, der Hund meiner Schwiegermutter, war ein Sonderfall, er ließ sich am liebsten tragen. Unter uns, DAS hielt ich für vollkommen unnötig.

Ansonsten waren aus meiner Sicht alle genannten Gehvarianten tolerabel, solange ich Einfluss auf das Verhalten meines Hundes hatte. Wenn ein Hund fühlte, dass er von seinem Halter verstanden wurde und dass dieser auch seine Eigenheiten und Macken akzeptierte, steigerte das selbst bei solchen Dickköpfen wie Finley die Bereitschaft, mitzuarbeiten.

Aus heutiger Sicht glaube ich, dass Finley gerade in dieser Zeit des Umbruchs wohl endgültig begriffen hatte, dass er sich zu hundert Prozent auf mich verlassen konnte. Immer öfter überließ er mir das Management in Situationen, in denen er früher unleidlich gewesen war.

Je weiter sein Heilungsprozess fortschritt, desto klarer wurde mir, dass wir sein kleines Pöbelproblem in Angriff nehmen mussten. So konnte er nicht wieder auf den Trainingsplatz gehen. Ein bisschen besser war es schon geworden. Sein Sozialverhalten war gewissermaßen mein Maßstab, an dem ich ablesen konnte, wie gut oder schlecht es ihm ging. Ich wollte es wagen. Es wurde Zeit für die ersten echten Hundebegegnungen. Ich arrangierte Einzelbegegnungen mit befreundeten Hündinnen. Unsere Gehpartner sollten nach und nach zurückkommen in unser Leben.

Wir hatten großes Glück, alle unsere Freunde machten mit. Sie richteten ihre Spaziergänge so aus, dass wir nie mehr als eine Hündin trafen, jedenfalls zum Beginn.

Als wir mit den Hündinnen wieder in der Gruppe gehen konnten, arrangierte ich parallel dazu die erste Rüden-Begegnung. Und so gliederte sich Finley nach und nach, Schritt für Schritt wieder in den normalen Alltag ein. Nach einem Jahr, drei Monaten und zwölf Tagen galt seine Wunde als ausgeheilt. Wir hatten Glück gehabt. Körperlich und seelisch blieb nichts zurück von diesem Beißvorfall. Er war wieder mein junger, agiler Rüde, mit allerlei Flausen im Kopf. Er hatte aufgehört, zu pöbeln ... na ja, also fast. Bei anderen Rüden konnte es natürlich immer noch mal passieren, dass er sich aufregte, aber alles das befand sich im tolerablen Bereich. Dennoch wollte ich noch etwas warten, bis ich ihn wieder mit auf den Hundeplatz nehmen würde. Finley sollte sich noch etwas stabilisieren können. Und wenn ich ganz ehrlich sein soll, mir graute ein bisschen davor, ihn wieder mitzunehmen. Ich war ja nun schon monatelang allein auf den Platz in Bargteheide gegangen und hatte Situationen beobachten können, bei denen mir kalte Schauer den Rücken heruntergelaufen waren.

Wir hatten viele Teilnehmer, die mit mehreren Hunden auf den Platz kamen. Alle ließen ihre Tiere relativ sorglos frei herumlaufen. Dann stellte man sich mit einem Bierchen, Kaffee oder einem Prosecco an die Stehtische vor dem Holzunterstand und klönte. Die spielenden Hunde blieben weitestgehend unbeobachtet. Mein Hinweis darauf, „Leute, die Hunde merken doch, dass ihr nicht aufpasst", wurde verlacht, zur Seite gewischt oder einfach ignoriert. So kam es immer wieder, dass ein anfangs harmloses Spiel in einer Keilerei endete. „Du hast doch keinen Hund dabei. Du könntest ja auf die Hunde achten", fuhr mich Lieselotte nach einer solchen Prügelei an.

Mittlerweile war ich nicht mehr bereit, Unvernunft unkommentiert zu lassen. „Das ist überhaupt nicht meine Baustelle, Lieselotte. Wenn du, während du Kaffee trinkst, nicht auf deine Hunde aufpassen kannst, gibt es dafür nur zwei akzeptable Lösungen. Entweder trinkst du keinen Kaffee oder du lässt deine zwei Haudegen so lange im Auto, bis du dich ausgeklönt hast. Ich nehme euch die Verantwortung für eure Hunde jedenfalls nicht ab. Dein Risiko, deine Verantwortung." „So sehe ich das auch", unterstützte mich meine Platzchefin. Sollte ich dieses Mal vielleicht doch Glück gehabt haben mit meiner Platzleitung?

KAPITEL 21

VON HUNDEHAUFEN, WILDSCHWEINKACKE UND KATZENKLOS

Wer einen Hund hat, weiß, dass es bestimmte Themen gibt, bei denen Hundeleute nicht mit sich spaßen lassen. Vorsicht, es könnte etwas unappetitlich werden. Der Apotheker eures Vertrauens empfiehlt die Einnahme dieses Kapitels vor dem Essen, in kleinen Häppchen.

Der Umgang mit den Hinterlassenschaften unserer Hunde ist so ein Thema, dass zu einer mittelschweren Eruption auf der Richterskala führen kann. Man legt sich hier ja nicht nur untereinander an. Bei diesem Thema bekommt man es auch massiv mit den Menschen zu tun, die ohne Hunde leben und deshalb die Toleranzschwelle eines hochempfindlichen Totmannschalters haben. Diese hundelosen Wilden können uns Hundehaltern das Leben ganz schön schwer machen. In meiner Vorstadt leben in fast jeder Straße solche selbsternannten Pups-Polizisten.

Wir Hundehalter selbst betrachten die Häufchen unserer Lieblinge eher besorgt. Was erfolgt, ist eine dezidierte Analyse der Konsistenz, mit anschließenden Schlussfolgerungen zur Gesundheit unseres Lieblings. Versteht mich bitte nicht falsch, ich bin absolut dafür, dass wir Hundehalter die Straßen und Wege kotfrei halten. Trotzdem finde ich, dass das Benehmen der privaten Häufchen-Polizei auch mal eine Überprüfung wert ist.

Meine Straße ist, was das betrifft, ein kleiner Mikrokosmos. Bei uns wohnen natürlich wir Hundehalter. Die meisten von uns halten sich an die Regeln und sammeln die Häufchen ihrer Hunde auf. Da sind aber auch diejenigen, die ihren Hund völlig sorglos überall hinmachen lassen. Ein bisschen Gemecker ist also durchaus legitim. Auf der anderen Seite gibt es die Anderen, die Köttel-Pöbler, den zurückhaltenden Tadler und diejenigen, die uns Hundehalter schriftlich ermahnen, in öffentlichen Anschlägen.

Neulich fand ich das mit Kabelbindern an einer schmiedeeisernen Gartenpforte befestigt.

„Verehrte Hundehalterinnen und verehrte Hundehalter!

Sie möchten sicher auch keine Hundehaufen vor Ihrer Gartentür bzw. in Ihrem Garten.

Leiten und leinen Sie bitte ihren Hund so an, dass auch wir uns wohlfühlen. Danke!"

Also damit konnte ich als Hundehalter gut leben. Der Ton war freundlich, das Anliegen berechtigt und das Schreiben nicht mit unnötigen Beschuldigungen überfrachtet.

Ungefähr zehn Haustüren weiter, in der Kurve unseres Rings, trug es einen anderen Schreiber verbal geradezu aus derselben heraus:

„An das Schwein, das seinen Hund auf den Gehweg kacken läst. Wälz dich doch noch dadrinnen. Du scheist zuhause bestimt auch auf den boden. Kannste da auch machen aber nich hier wo anständige leute wohnen." Ich habe die Grammatik- und Rechtschreibfehler hier nicht korrigiert, damit die Authentizität dieser Perle nachbarschaftlicher Kommunikation nicht verfälscht wird. Ich hatte es übrigens noch niemals beobachten können, dass es ähnliche Aushänge für die Halter der zahlreichen, frei laufenden Katzen in unserer Straße gegeben hatte.

Egal, zurück zu „anständige leute". Wen wundert es, damit konnte ich nicht so gut leben. Erstens wollte ich von „anständige leute" nicht geduzt werden. Zweitens mochte ich nicht beleidigt werden, egal von wem. Und drittens hatte ich sehr viel Mitgefühl mit der Tagesmutter, die direkt neben „anständige leute" wohnte. Sie hatte nämlich alle Mühe, den Eltern ihrer Schützlinge glaubhaft zu machen, dass wir eine anständige Straße, mit anständigem Umgangston sind ... einzige Ausnahme eben „anständige leute".

Aber so war das, wenn man einen Hund hatte. Für einige Menschen bedeutete das, dass sie keine Rücksichten mehr nehmen mussten. Der Ton wurde harscher, der Umgang rauer. Der normale zwischenmenschliche Respekt ging total verloren. Hattest du einen Hund, konnte es dir passieren, dass du plötzlich von wildfremden Menschen geduzt wurdest.

Menschen, die du vorher noch nie gesehen hattest, nannten dich „Muddi", „Alter", oder auch gerne mal „Ferkel", weil sie irgendwo, irgendwann mal irgendeinen anderen Hundehalter dabei beobachtet hatten, wie er den Haufen seines Tieres liegen gelassen hatte. Sprache und Lautstärke entgleisten, nur weil du dein Leben mit einem Hund teilst. Diese Respektlosigkeiten wurden von diesen Menschen aber nicht als solche eingeordnet, sondern als „ihr gutes Recht" betrachtet. Ich bin bis heute noch nicht dahintergekommen, welcher Mechanismus hinter diesem Verhalten steht.

Auch außerhalb meiner Straße wehte manchmal ein schärferer Wind, und zwar auch dann, wenn man wie ich Gassi-Tüten dabeihatte und die Hinterlassenschaften seines Hundes wegräumte. Je nach Stimmungslage gab ich den Mitgliedern des Vereins „Besorgte Bürger gegen Hundelosungen" individuell passende Namen.

Die „Köttel-Pöbler" sahen einen Hund und polterten sofort los. Das machten sie publikumswirksam quer über die Straße oder auch aus den geöffneten Fenstern ihrer Häuser heraus. Ich hatte mir angewöhnt, ihnen freundlich lächelnd zuzuwinken. Manchmal schwenkte ich dabei auch eine befüllte Hundetüte in meiner Hand hin und her. Das machte sie wahnsinnig.

Die „Gassi-Tütenschwinger" hatten selber keinen Hund, trugen aber immer Gassi-Tüten bei sich am Mann. Diese verteilten sie dann so offensiv unter entgegenkommenden Hundehaltern wie die Zeugen Jehovas ihren „Wachturm". Menschen, die diese missionarisch-aggressive Energie ausstrahlten, waren mir suspekt. Ich zeigte ihnen das Peace-Zeichen, sagte so etwas wie „der Untergang ist nah", und sah zu, dass ich Land gewann.

Und dann gab es da eine meiner Favoritinnen. Ich nannte sie Frau Harkenschwenk aus der Blattlosreihe. Den Namen hatte sie exklusiv. Frau Harkenschwenk wohnte eine Straße weiter. Sie war ein überaus korrekter Mensch, immer adrett zurechtgemacht. Selbst bei der Gartenarbeit sah sie aus, als habe sie sich für das Fotoshooting eines Hochglanz-Gartenmagazins zurecht gemacht. Ich traf sie nahezu jeden Abend auf unserer letzten Runde.

„Siiiiiie werden das Pupu ihres Hundes doch wohl soooofoooort wegtun", rief sie mit schriller Stimme. Ich schnellte hoch und sah in das hochrot angelaufene Gesicht der Endsiebzigerin. Sie stand vor ihrem Rotklinkerhaus, ihre Harke im Anschlag und lebte gerade ihr Lieblingshobby Nr. 2 aus, das „Vorgarten-und-Gehweg-Harken“. Lieblingshobby Nr. 1 war offensichtlich das „Hundebesitzer-zu-Tode-Erschrecken“.

Um einmal allen Spekulationen vorzugreifen. Ich hatte mich schon in Richtung Boden gebückt, die Gassi-Tüte in der Hand und war kurz davor, den Übelhaufen meines Hundes aus der Botanik zu entfernen. Ich hatte es nämlich auch nicht gern, wenn mir andere Hunde vor die Haustür machten. Es gab keine Jacke, keinen Rucksack und keine Tasche, die ich nicht mit Gassi-Tüten ausgerüstet hatte. Ich machte IMMER alles weg. ICH WAR EINE VON DEN GUTEN!

Mein Hinweis an die Frau, dass ich ja gerade dabei gewesen wäre, den kapitalen Haufen meines Hundes einzutüten, beantwortete diese mit Stirnrunzeln und zweifelndem Blick.

Sie beobachtete mich beim Einsammeln mit Argusaugen. Als ich fertig war, zischte sie: „Die anderen auch noch.“

Verdutzt sah ich mich um und entdeckte etwa 30 Zentimeter Luftlinie weiter rechts, zwei weitere Haufen, deren Kompostierstadium den Schluss zuließ, dass sie schon einige Tage dort gelegen hatten. „Oh, das war aber gar nicht mein Hund“, klärte ich die Harken-Lady auf.

„Egal, Hund ist Hund, die Schweinerei machen Sie weg“, sagte sie bestimmt.

Was für eine wahnwitzige Vorstellung. Weil ich einen Hund besaß, hatte ich die Pflicht, die Stadt kotfrei zu halten? „Hören Sie mal“, sagte ich ruhig, „nur weil ich einen Hund habe, bin ich doch nicht für jeden herumliegenden Köttelhaufen verantwortlich.“ Und weiter: „Das wäre ja so, als müssten Sie alle Gärten dieser Straße sauber halten, nur weil Sie eine Harke besitzen.“ Frau Harkenschwenk zog ihre Stirn kraus.

Eigentlich doch eine lustige Vorstellung, dachte ich bei mir, ich musste grinsen und meine Fantasie ging mit mir durch:

Proklamation:

Frau Hermine Harkenschwenk, wohnhaft in der Blattlosreihe, Hausnummer 34, Hamburg Volksdorf, wird fortan die Vorgärten ihrer Nachbarn blattfrei halten. Diese Verpflichtung wird abgeleitet aus dem Besitz einer türkisgrünen Doppelzacken-harke der Marke „Blattgold-Gnadenlos“.

Versunken in meine Gedankenwelt musste ich kichern. Das war angesichts der Spannungen zwischen Frau Harkenschwenk und mir nicht ganz angemessen. Das musste ich zugeben. Dass Frau Harkenschwenk sich langsam, rückwärts gehend in ihren Vorgarten zurückzog, um dann die schwere Eisenpforte zwischen uns zu schließen, hielt ich dann aber doch für übertrieben. Auf meine Frage, ob es noch etwas zu klären gäbe, schüttelte sie wortlos ihren Kopf. „Na denn“, rief ich fröhlich, meine volle Gassitüte schwenkend, „einen schönen Abend noch!“

Zwei Straßen weiter, direkt am Waldrand, wohnte Familie Mathis. Frau Mathis führte in ihrer Straße auch ein hartes Regiment. Sie herrschte über etwa 55 gediegene Einzelhäuser und deren Insassen. Ähm, ich meinte natürlich Bewohner. Und wie hinter jeder herrischen Frau steht auch hinter Frau Mathis ein echt sympathischer Mann, der sich kaum traut einen Mucks zu machen.

Frau Mathis hatte viel zu tun. Sie kontrollierte, wer wann seine Mülltonnen an die Straße stellte und ob er sie nach dem Ausleeren wieder aufs Grundstück zurückholte. Sie organisierte jeden Herbst die von ihr ins Leben gerufene Laubhark-Initiative „Unser Knick – blattfrei und sauber“. Die Teilnahme war Pflicht, Nachbarn, die sich sperrten, standen ab sofort unter Beobachtung. Das traf auf etwa 80 Prozent der Straßenbevölkerung zu.

Die Observation von Hundehaltern und dem Pupsverhalten ihrer Hunde war eine ihrer ganzjährigen Passionen.

Sie führte eine berüchtigte Delinquenten-Liste über nicht therapierbare Hundehalter, eben diejenigen, die die Hundehaufen ihrer Lieblinge liegen gelassen hatten. Dabei war es ihr egal, ob das einmal passiert war oder ob es sich um Wiederholungstäter handelte. Obwohl ich auf dieser Liste nichts zu suchen hatte, hatte ich es auf ihrer To-Kill-Liste trotzdem ganz nach oben geschafft, gewissermaßen als Sonderfall.

Frau Mathis hatte mich mal in einer schwachen Minute in ihr abgegriffenes Din-A5-Universum schauen lassen.

Dort stand in krakeliger Schrift: große, dunkelhaarige Frau, hässliche grüne Jacke, aufmüpfig, unsympathisch, netter Hund. Öhm ja, kommt irgendwie hin, nur das mit der hässlichen grünen Jacke möchte ich mir ausdrücklich verbitten. Frau Mathis und ich kannten uns ja nun schon Finleys ganzes Leben lang. Wir hatten in den vergangenen Jahren eine Menge Nettigkeiten ausgetauscht.

Meine anfänglichen Versuche, auf einer sachlichen Ebene mit ihr zu diskutieren, hatten diese Frau völlig unbeeindruckt in ihrem Vorgarten zurückgelassen.

Ich hatte inzwischen eingesehen, Frau Mathis konnte einfach nicht anders. Ich versuchte, die Situation mit Humor zu nehmen, gab ihr allerdings nie recht. Ich blieb freundlich, aber immer ein wenig ironisch in meinen Entgegnungen. So ganz nebenbei hatte ich den Eindruck, dass Frau Mathis‘ Gatte auch ein bisschen Spaß daran hatte, wenn ich seiner Frau Kontra gab.

Als ich den Ausruf seiner Frau, „Da liegt ein Haufen!“, mit einem beiläufigen „Glückwunsch, gut gesehen“ beantwortete, hatte er die Augen zuerst erschrocken aufgerissen, doch dann wich der entsetzte Ausdruck auf seinem Gesicht einem breiten, zufriedenen Grinsen. Mittlerweile hatte ich mein Repertoire ein wenig erweitert auf: „Na sowas“, „Macht doch nichts“, „Gut gesehen“, „Ojeoje“, „Kann ja mal passieren“. Alles nur für Herrn Mathis.

Neulich ging ich mit Finley wieder durch besagte Straße. Wir waren schon fast am Ende angelangt. Da legte Frau Mathis mit ihrem blankgeputzten Golf, alle Verkehrsregeln missachtend, eine gekonnte Vollbremsung neben uns hin. Sie kurbelte das Fahrerfenster herunter und polterte los: „Woll'n Sie nicht mal 'nen Haufen wegmachen?"

Ich drehte mich freundlich um und fragte: „Wieso? Wollten Sie denn einen machen?"

Das war das einzige Mal, dass ich diese Frau sprachlos erlebt hatte. Vielleicht auch deshalb, weil Herr Mathis, ihr Gatte, auf dem Beifahrersitz saß und sich vor Lachen kaum noch halten konnte. Als er mir mit beiden Händen noch ein Daumen-Hoch zeigte, warf Frau Mathis ihrem Mann einen Blick zu, der nichts Gutes verheißen ließ. Wenn ich es mir recht überlegte, ich hatte den Mann schon sehr lange nicht mehr gesehen.

Vereinzelt traf man auf versprengte Mitglieder der Fäkalien-Bürgerwehr auch im Wald. Sie agierten losgelöst vom bewährten Gleichheitsgrundsatz unserer Zivilisation. Ihr Empfinden für das, was richtig war, hatte zwei Funktionsebenen. Die primäre Ebene umfasste alles, was sie selber durften. Auf der sekundären Ebene versammelten sich die Ansprüche, die sie an andere hatten. Also mit anderen Worten, die Verbotsregeln, gegen die die anderen, vorzugsweise wir Hundehalter, nicht verstoßen durften. Die primäre Ebene enthielt, um die Arbeit der Bürgerwehr zu erleichtern, zusätzlich noch eine sehr schlagkräftige Ausnahmeregelung: An die Regeln der zweiten Ebene mussten sich die Mitglieder der Fäkalien-Bürgerwehr nicht halten. Wäre ja noch schöner.

So war es beispielsweise absolut in Ordnung, wenn eine Gruppe Vogelkundler mitten im Wald in die „Buschpause" ging. Für nicht Eingeweihte, das bedeutete, dass etwa 20 mittelalte Menschen aller Geschlechter vom Waldweg abwichen, in die freie Natur ausschwärmten, sich ein „geschütztes" Plätzchen suchten, dann vor aller Augen kollektiv die Hosen herunterließen, um dann ihrem Stoffwechsel freien Lauf zu lassen. Ihre Hinterlassenschaften ließen sie, nebst der eigens mitgeführten, nun benutzten Wischtücher, liegen.

Als Finley es ihnen ein paar Minuten später gleichtat, brach

Montezumas Schimpftirade über ihn und mich herein. Was uns denn einfiele, zeterten die Vogelkundler abwechselnd. Wir sollten den Haufen entfernen ... wir würden den Wald verseuchen ... die furchtbaren Bakterien, die der Hundehaufen nun verbreiten würde ... oje und was, wenn ein Vogel auf dem Haufen landen würde ...

„Herrschaften, ist das euer Ernst“, entfuhr es mir, „vor fünf Minuten habt ihr unseren Wald in eine Nudisten-Erlebniswelt verwandelt. Glaubt ihr denn, dass das ein schöner Anblick gewesen ist? Keiner von euch hat seinen Haufen entfernt und jetzt meckert ihr?“ Ich weiß nicht, was ich erwartet hatte, vielleicht ein ganz kleines Anzeichen von Schamgefühl? Jedenfalls kam in dieser Hinsicht nichts. Stattdessen entgegnete der Gruppenführer: „Du hättest ja nicht hinschauen müssen“, Leute, glaubt mir, wenn 20 ältere Leute im Wald zeitgleich ihr Hinterteil entblößen, kann NIEMAND darüber hinwegsehen.

Ein paar Tage zuvor waren Finley und ich in einem anderen Waldstück unterwegs gewesen. Es war ein Spaziergang gewesen, wie Finley ihn liebte. Er hatte Löcher gebuddelt, war in den Bach abgetaucht und hatte sich (leider) in Wildschweinkacke gesuhlt. Deshalb hatte ich ihn von der Leine gelassen, ich brauchte ... na, sagen wir, ich brauchte etwas Abstand zu Finley.

Gerade als Finley etwas abseits einen Haufen absetzte, kam SIE um die Ecke unserer Weggabelung. Ende siebzig, gekleidet in eine hellrosa!!! Tuchhose, weiße Segelschuhe, hellbeige Windjacke, die blondierten Haare zu einem wippenden Pferdeschwanz gebunden. In ihrem Caterina-Valente-Gedächtnisoutfit sah sie aus, als sei sie frisch aus einem 50er-Jahre-Film entsprungen. Ihr Gang und ihre Haltung sagten, ich bin jung geblieben und fit, aus dem Weg, der Wald gehört mir!

Ich persönlich fand ja, dass der Waldweg breit genug für uns alle drei gewesen wäre. Wir hätten mit einem unpersönlichen „Moin“ aneinander vorbeigehen können. Einfach so. Allerdings hatte „La Valente“ Finley bei seiner Verrichtung beobachtet. Aus ihrer Sicht wurde es Zeit für ein Gespräch.

„Hat die Mutti dir nicht beigebracht, dass man auf die Toilette geht? Da fehlt dem Hasi wohl noch etwas Erziehung? Da muss wohl jemand der Mutti mal erzählen, dass man auch Hunden beibringen kann, auf ein KATZENKLO zu gehen. Das muss nicht alles in der freien Natur landen“, säuselte sie.

Finley, der Verräter, immer dankbar für jede Aufmerksamkeit, saß mittlerweile an „La Valentes“ Knie gekuschelt. Während mein abtrünniger Rüde wohlige Grunzlaute von sich gab, fuhren „La Valentes“ knochige Hände unablässig durch sein feuchtes Fell. Inzwischen durfte „Mutti“ sich eine Gratis-Standpauke abholen. „La Valente“ intensivierte dabei die Fellpflege bei meinem Hund. Dann, mit den Worten, „so mein Guter, die Tante muss jetzt weiter“, wischte sie sich die feuchten Hände an ihrer hellrosa Hose ab und zog, ohne mich eines weiteren Blickes zu würdigen, weiter.

Ich hätte viel dazu zu sagen gehabt, angefangen mit dem Ausruf, „Finger weg von meinem Kerl, der gehört mir!“

Ich hätte ihr außerdem sagen können, dass mein Hund sich kurz vor unserer Begegnung in Wildschweinkacke gesuhlt hatte. Ich hätte ihr obendrein sagen können, dass das Feuchte in seinem Fell nicht vom frischen Morgentau, sondern von den klebrigen Überresten eben dieser Waldbewohner herrührte.

Und ich hätte ihr auch sagen können, dass das Händeabwischen ockerfarbene Schmierspuren auf ihrer Hose hinterlassen hatte. Ich gestehe, ich hatte nichts dergleichen gesagt. Ich hatte diese arme Frau pferdeschwanzwippend, übelriechend, mit Wildschweinlosung dekoriert, weiterziehen lassen. Denn „Mutti“ hatte mit „Hasi“ ein Mitarbeitergespräch, über Loyalität, Eifersucht und Katzenklos zu führen gehabt.

Man bekommt in unseren Wäldern Dinge zu sehen und zu hören, das glaubt einem zu Hause kein Mensch. Vergleichbar damit war ein kunstvoll abgesetzter, dampfender Hundehaufen gar nichts. Das könnt ihr mir glauben.

KAPITEL 22

PRÜFUNGS-VORBEREITUNGEN UND EIN STIER VERGISST NICHTS

Ich gebe zu, mein Verhältnis zu meinem Züchter Michael hatte durch Finleys Beißvorfall einen gewaltigen Knacks bekommen. Dabei gab ich ihm gar nicht die Schuld für das, was passiert war. Okay, er hatte so ziemlich jedes Anzeichen für den herannahenden Konflikt verschlafen. Das konnte vorkommen, das war menschlich. Ich bin da typischer Stier. Ich kann verzeihen, ich vergesse nur nichts.

Michaels Verhalten nach der Beißerei war das, was ich nicht vergessen konnte. Er hatte sich nicht um uns gekümmert, nachdem Finley verletzt worden war. Auch in den vier Wochen danach hatte er sich nicht bei mir gemeldet. Kein Anruf, keine WhatsApp-Nachricht, keine Mail. Das fand ich wirklich unterirdisch. Dass er sich, wie man mir erzählte, bei den anderen erkundigt hatte, wie es um Finley stand, machte es für mich nicht besser. Freundschaft sieht für mich anders aus.

Ein schlechtes Gewissen hatte er wohl nicht, wie man mir mehrfach berichtete. „Michael findet ja, dass das Ganze deine Schuld gewesen ist. Du hättest Finley eben nicht aus den Augen lassen sollen", hatte mir Lieselotte süffisant aufs Butterbrot geschmiert, als wir uns wegen der OP-Kosten kurzgeschlossen hatten. Na ja, was Lieselotte, unsere Hobby-Intrigantin, sagte, musste ich mit Vorsicht genießen. Da wusste man nie so genau, wo die Wahrheit aufhörte und die Dichtung begann.

Allerdings waren mir ähnliche Aussagen von Luise und Bettina Immelmann kolportiert worden. Bettina hatte regelmäßig bei uns angerufen und sich nach Finleys Befinden erkundigt. Ab und zu kam sie auf ein Stück Kuchen zu Besuch. Zu Beginn wusste ich nicht so genau, wo ich Bettina einsortieren sollte. Am Ende jeden Gespräches sagte sie, „Gottes Segen für Finley und für dich", was mir anfangs ein wenig schwülstig erschien. Doch dann mit der Zeit, konnte ich sehen, dass sie das ernst meinte. Sie war eine ehrliche Haut. Sie drückte ihre Zuneigung nur anders aus. Ihr Verhalten war geprägt durch ihre Verpflichtungen als Pastorenfrau, da kam ihr der Gottessegen ganz natürlich über die Lippen.

„Weißt du Birgit, vielleicht meint Michael es ja nicht böse. Trotzdem finde ich sein Verhalten echt merkwürdig. Wenn ich du wäre, wäre ich doch ein bisschen böse“, sagte Bettina, als sie mich zum Kuchenessen auf meiner Terrasse besuchte. „Ich bin nicht böse, Bettina, ich bin enttäuscht. Glaube mir, das ist ernster als du denkst“, antwortete ich ihr. „Willst du dann mal mit ihm reden?“, fragte sie mich. Ich schüttelte den Kopf. „Er hat die letzten vier Wochen Zeit gehabt, mit mir zu reden. Jetzt ist es, wie es ist. Auf dem Platz arbeiten wir zusammen und ansonsten sorgt jeder für sich selbst.“ Ich war nicht auf Bestrafung aus, aber ich war auch kein Typ für einseitige Freundschaften.

Mir war schon längst klar geworden, dass ich als eine Art Schutzschild für Michael fungiert hatte. Ein Mittel zum Zweck. Er hatte auf dem Platz wieder Fuß fassen wollen und brauchte jemanden, der ihn stärkte. Für eine Weile war das okay gewesen für mich. Doch er sah das Ganze offenbar als Einbahnstraße. Das war nicht okay für mich. Freundschaft bedeutet für mich, gegenseitige Unterstützung und zumindest ein minimales Maß an Zuverlässigkeit und Loyalität. Sein Verhalten nach dem Beißvorfall und alles, was ich bisher erfahren hatte, hatte meinen Fokus auf das Ziel, das ich hatte, zurückgelenkt. Ich wollte Hundetrainerin werden. Deshalb sorgte ich direkt nach dem Vorfall dafür, dass ich das auch ohne Michaels Support erreichen konnte.

Man könnte sagen, ich fuhr zweigleisig. Ich suchte mir Ausbildungsseminare außerhalb des Hundeplatzes, die von den Tierärztekammern in Schleswig-Holstein und Hamburg anerkannt wurden. Ich sammelte Zertifikate und Hundewissen in den Bereichen Verhaltenstherapie, Lerntheorien, Interpretation von Hundeverhalten. Ich lernte viel über Jagdverhalten und wie man damit umgeht, darüber, wie Hunde miteinander kommunizieren und darüber, wie wir Menschen mit Hunden kommunizieren können.

Parallel dazu besuchte ich den Platz, diese ganz andere, in sich geschlossenen Hundewelt. Diese wilde Mischung aus Hundeliebe, Selbstverliebtheit und einem Hauch der 50er-Jahre, der über diese

Plätze wabert. Lernen wollte ich auch dort etwas.

Mein erster Tag auf dem Platz war schon speziell gewesen. Lieselotte stürzte mit weit ausgebreiteten Armen auf mich zu, umarmte mich stürmisch und flötete in den höchsten Tönen über den Platz, wie froh sie darüber sei, dass ich wieder da sei. „Ich habe dich ja sooo vermisst. Kann ich in deine Trainingsgruppe kommen? Soll ich dir einen Kaffee holen“, brach es aus ihr heraus. Nachdem ich mich aus Lieselottes Umklammerung befreit hatte und ihre kleine Märchenstunde verdaut hatte, wandte ich mich den anderen zu.

Uschi Dierks hieß mich willkommen. „Schön, dass du wieder da bist, Birgit.“ Und weiter: „Für die anderen, Finley geht es schon wieder recht gut, er muss aber noch eine Weile geschont werden. Birgit wird erst einmal bei Konstanze in der Gruppe mitarbeiten. In fünf Monaten haben wir Begleithunde-Prüfungen A und B auf dem Platz, da binden wir Birgit mit ein.“ Aha, dachte ich, cool. Michael sah sauer aus, offenbar hatte Uschi das nicht mit ihm abgesprochen. Ich bedankte mich und sah mich um. Die Hunde tobten nach wie vor nahezu unbeobachtet umher, die Menschen standen nach wie vor am Holzunterstand und tranken Tee, Kaffee, Prosecco und ihre Bierchen, als würde sie das nichts angehen. Ich seufzte, das würde nicht einfach werden, wenn Finley wieder mit auf den Platz kommen würde.

Als alle auf den Platz gingen, kam Michael zu mir und raunte mir zu: „Ich rede nachher mit Uschi. Ich sorge dafür, dass du zu mir in die Gruppe kommst.“ Unmut regte sich in mir und ich erwiderte: „Ach Michael, lass das mal. Ich muss Konstanzes Gruppe ja sowieso durchlaufen. Früher oder später lande ich dann ja ohnehin bei dir. Ich möchte hier keinen Ärger verursachen.“ Wenn ich ehrlich bin, ein wenig Abstand zu Michael tat mir zu diesem Zeitpunkt ganz gut. Dann lächelte ich ihn an und ging zu Konstanze, die ihre Leute gerade für ein Briefing um sich versammelte.

Es galt jetzt, die Teilnehmer unserer Gruppe auf die Prüfungen vorzubereiten. Das wäre, so hoffte ich, eine gute Gelegenheit, mein neu erlerntes Wissen beim Training einzubringen. Konstanze erklärte mir den Prüfungsablauf und dann bauten wir einen Parcours auf:

Wir steckten vier Stangen im Quadrat in den Rasen und am Ende verlängerte eine fünfte Stange die Prüfungsstrecke. Zwei Längen des Quadrates musste der Hund an der Leine Bei-Fuß-Gehen. An den anderen zwei Längen musste er ohne Leine Fuß-Gehen. Der Blick des Hundes sollte dabei vorzugsweise in Richtung seines Halters zeigen.

Der Kopf des Hundes musste immer auf Kniehöhe des linken Beines sein, wie bei Jägern üblich, zumindest in der Vorstellung des Gremiums, dass diese Prüfung erdacht hatte. Am letzten der vier Pfosten wurde der Hund abgesetzt und er musste bleiben. Der Halter ging zu dem fünften Pfosten und blieb dort stehen, zwei Minuten lang. Der Hund durfte ihm nicht hinterherlaufen. Zwei Minuten später sollte der Halter seinen Hund zu sich heranrufen. Dieser sollte dann freudig auf sein Herrchen oder Frauchen zulaufen, vor ihm Absitzen und sich geduldig anleinen lassen. Prüfung bestanden. Soweit die Theorie.

Finley würde es lieben, dachte ich und schmunzelte. Vier Strecken „Bei Fuß", seine Hass-Disziplin.

Trotzdem war ich aber überzeugt davon, dass Finley und ich das auch schaffen könnten. Das würden wir zu Hause üben, bis zum Umfallen. Voller Enthusiasmus meldete ich uns zur Prüfung an, und zwar nicht nur zur Begleithundeprüfung A, sondern auch zur Begleithundeprüfung B fünf Monate später. Optimismus ist mein zweiter Vorname, Leute.

Vier gerade Strecken, nicht zu lang und zwei Minuten sitzen bleiben, kann ja nicht so schwer sein. Allerdings fragte ich mich auch, ob dieser Prüfungsablauf tatsächlich etwas darüber aussagte, ob ein Hund ein zuverlässiger Begleithund ist oder nicht. Aber das sollte an dieser Stelle nicht mein Problem sein.

Während des Trainings erstaunte es mich immer wieder, wie erfinderisch unsere Golden waren, wenn es darum ging, den eigentlich simplen Ablauf der gestellten Aufgaben zu sprengen. Oswalds zweijähriger Rüde Pelle befand sich gerade in seinem, hoffentlich finalen, Pubertätsschub. Er hatte den Prüfungsablauf um eine Disziplin erweitert. Ich nannte es „Mark-a-Stick“. Pelle glaubte offenbar, dass es unerlässlich sei, am Ende jeder Laufstrecke an die Stangen zu pinkeln. Dabei dosierte er so präzise, dass aber auch jeder Pipitropfen erst einmal auf dem Stick landete, dann elegant auf den Platz lief, um dann mit einem Seufzer im Rasen zu versickern. Meisterhaft, lieber Pelle. Leider würde der Prüfer das anders sehen und ihn durchfallen lassen. Abgesehen davon konnte man davon ausgehen, dass alle anderen Rüden, die nach ihm über den Parcours mussten, durchdrehen würden.

„Herrgott Oswald, sag deinem Rüden, dass er nicht aufs Prüfungsgelände pinkeln darf“, fuhr Konstanze den armen Mann an. „Ja, aber wie soll ich das machen? Wenn er muss, dann muss er mal“, antwortete Oswald kleinlaut. „Ist mir scheißegal, wie du das machst“, antwortete Konstanze ungeduldig, die wohl gerade ihre erhoffte Erfolgsquote im immer brauner werdenden Grün des Rasens versickern sah. Ich nahm Oswald zur Seite und sagte: „Oswald, Pelle muss nicht jedes Mal dringend Pipi, wenn er an eine Stange pinkelt. Rüden machen sich nie ganz leer, weil es ihnen ein Bedürfnis ist zu markieren. Das ist es, was er tut. Er hinterlässt an jeder Stange eine Nachricht. DAS kannst du kontrollieren, ohne ihm zu schaden.“

Ich erklärte ihm, dass er von nun an bei jedem Spaziergang darauf achten sollte, wann Pelle markieren will und wann es ihm ein echtes Bedürfnis ist, sich zu lösen. Nachdem sich Pelle gelöst hatte, sollte er jedes Mal, wenn Pelle markieren wollte, Nein sagen und ein Geräusch machen. Das konnte ein Fingerschnipsen sein, ein Schnalzen oder ein leises „Ähäh“. Zwischendurch durfte Oskar auch entscheiden, welche Stellen Pelle doch markieren durfte. Wenn das klappte, sollte er dazu übergehen, nur das Geräusch zu machen. Das musste circa viertausend Mal richtig durchgeführt werden, bis Pelles Gehirn verknüpfen konnte, was

Oskar von ihm wollte. Gelang ihm das im Wald und an anderer Stelle, würde er das auch auf dem Platz regeln können.

Ich hatte Finley auf diese Weise beigebracht, seinen Haufen erst abzusetzen, wenn wir unsere Siedlung verlassen hatten und am Knick oder im Wald waren.

Bobby, Jochens Rüde, zeigte eine Variante von Pelles Markierverhalten. Er war etwas, wie soll ich sagen, höflicher. Er ging akkurat bei Fuß, dann mitten auf der Strecke, schaute er Jochen an und es schien, als wollte er sagen, „Warte hier, ich bin gleich wieder da". Dann scherte er aus, ging zu irgendeinem Busch, schnupperte an verschiedenen Stellen und löste sich. Danach kam er zurück zu dem verdutzten Jochen und forderte ihn freundlich, aber bestimmt auf, mit der Prüfung fortzufahren. Konstanze raufte sich die Haare.

„Wer ist bei euch eigentlich der Rudelführer", fuhr sie Jochen an. Immer wenn sie so etwas sagte, zuckte ich zusammen, denn artenübergreifendes Rudelverhalten EXISTIERT NICHT. Ein Mensch wird nie der Rudelführer einer Hundemeute sein. Menschen und Hunde leben maximal in einem Familienverbund und da sollte der Mensch sich natürlich als Führungspersönlichkeit erweisen. Also ich zuckte und beschloss, nichts zu sagen, denn das hätte die Situation nur unnötig verkompliziert.

„Das bin ich", antwortete Jochen pflichtschuldig, woraufhin Konstanze nur ein abschätzendes „Pffft" entfuhr. Umgang mit Menschen war offenbar nicht so ihr Ding.

Ich gab Jochen erst einmal die gleiche Aufgabe mit nach Hause, wie Oswald und sagte: „Das kriegen wir schon hin."

Meine Freundin Ute hatte da ein ganz anderes Problem. Ihre Hündin Lisa war ein Seelchen, eine kleine, gemütliche Schmusemaus. Sie trennte sich äußerst ungern von Ute. Das machte den Abschluss der Übung zu einem echten Problem für Ute. Wie sollte sie ihre Hündin davon überzeugen, an der vierten Stange zwei Minuten liegen zu bleiben, während ihr Frauchen 50 Meter weiter ging, um dort stehen zu bleiben? Was soll ich sagen? Es war zäh.

Das „Platz“ an sich war kein Problem ... solange Ute in der Nähe blieb.

Wir hatten einige Mühe. Lisa versuchte, auf ihre Art uns davon zu überzeugen, dass diese Übung überflüssig war, ein Fauxpas in der Geschichte der Hundeerziehung, ein Fehler in der Matrix artenübergreifender Bindungsarbeit. Sobald Ute ging, setzte sich Lisa in Bewegung, schließlich hieß es Begleithund und nicht Sitzhund. Oder sie sah die vierte Stange schon kommen und entschloss sich, schon einmal vorzulaufen, damit Ute gar nicht erst die Gelegenheit bekam, ihr diese Unzumutbarkeit abzufordern. Unterwegs schrieb sie eine WhatsApp-Nachricht an Ute: „Hey Frauchen, ich weiß, wo es längs geht. Ich warte da vorne auf dich und nun kommst du mal schön zu mir. Winke-Emoji, Partyhut-Emoji, Zwinker-Emoji.“

„Was ist deine Hündin eigentlich für eine Sissi!“, rief Konstanze entnervt, „die hast du viel zu sehr verwöhnt. Die müsste zur Entwöhnung mal vierzehn Tage in die Hundepension gehen.“ Ute war auf dem Hundeplatz ja schon einiges gewohnt und reagierte gefasst und leidenschaftslos: „Ich werde darüber nachdenken.“

Weil Ute und ich uns öfter privat trafen, übten wir mit unseren Hunden im freien Gelände. Finley musste immer wieder sein Schnüffeln unterbrechen und „Bei Fuß“ gehen. Die Streckenlänge variierte, mal kurz, mal lang, mal mit Leine, mal ohne. Das Ablegen und weggehen war erstaunlicherweise für ihn kein Problem. Ich veränderte den Zeitraum, in dem er liegen oder sitzen bleiben musste. Am Ende blieb Finley bis zu zehn Minuten liegen, ohne aufzustehen.

Besuchten wir Ute, übten wir das Bleib in vertrauter Umgebung. Lisa musste sich hinlegen und sollte Ute nicht jedes Mal folgen, wenn sie den Raum verließ, oder mal zum Kühlschrank ging. Als Lisa das verstanden hatte, verließen wir nach und nach alle den Raum. Auch das funktionierte bald zuverlässig. Dann gingen wir auf das Hofgelände und bauten die Übung dort für Lisa neu auf. Finley machte einfach alles mit. Nachdem wir das austrainiert hatten, verlegten wir das Training in den Wald und auch dort funktionierte es bald. Als Nächstes erweiterten wir den Abstand, sodass die 50 Meter auf dem Platz Lisa bald keine Angst mehr machen sollten. Wir bekamen es tatsächlich hin. Lisa blieb an der vierten Stange liegen, bis Ute sie rief.

Ich überlegte mir zu Hause, ob diese Art des Trainings nicht auch für die anderen in unserer Hundegruppe eine gute Lösung wäre. Einige der Hunde zeigten schon Ermüdungserscheinungen, sie langweilten sich ganz offensichtlich. Dieses ewige im Viereck gehen machte die Hunde immer unwilliger, die Zahl der Fehlversuche stieg an. Als ich, natürlich beobachtete Konstanze mich dabei, die Gruppe trainieren sollte, wollte ich es wagen. Ich erklärte Konstanze, warum ich das Übungsgelände verlassen wollte. Sie war skeptisch, sagte aber ja. Ich wollte einfach mal runter vom Platz, auf das nahegelegene, abgemähte Feld oder hinein in den Wald gegenüber. Das machten wir bis zur Prüfung. Das einzige Mal, dass unsere Golden und auch Finley den Parcours auf dem Übungsplatz ablaufen durften, war im letzten Training vor der Prüfung.

Der Prüfungstag verlief ohne weitere Vorkommnisse. Wir haben tatsächlich alle bestanden. Konstanze und ich waren sehr stolz auf unsere Leute und auf die Hunde. Wenn ich ehrlich sein soll, ich konnte es kaum fassen, dass Finley und ich es auch geschafft hatten. Wir hatten zwar auf jeder Laufstrecke einen Punkt abgezogen bekommen, weil Finleys Kopf nicht am Knie, sondern leicht davor positioniert gewesen war, aber das machte mir nichts. Ich hatte Schlimmeres befürchtet. Finley hatte wieder einmal bewiesen, dass er voll da war, wenn es darauf ankam.

Wir bekamen eine Urkunde überreicht, was Finley vollkommen schnuppe war. Da interessierte ihn der mitgelieferte Ochsenziemer schon mehr. Die Stimmung war gelöst, jeder gratulierte jedem. Da kam Michael zu mir und sagte: „Das war aber knapp. Das Bei-Fuß-Gehen muss auf jeden Fall besser werden." Wow, danke dafür, du #*$!!!#+*!!!, dachte ich im Stillen und sagte lächelnd: „Danke Michael für deine Unterstützung.“ Alexis Carrington aus dem Denver-Clan ist ein lächerliches Nichts gegen mich.

An diesem Tag trank ich zum ersten Mal auch ein Bier auf dem Hundeplatz. Ute hatte sich angeboten, Finley und mich nach Hause zu fahren. Unsere Hunde waren durch mit dem Tag und blieben an der Leine oder ruhten sich im Auto aus.

Und ich empfand eine leicht perverse Vorfreude auf die Begleithundeprüfung B in fünf Monaten ... das musste eines dieser Bierchen verursacht haben.

KAPITEL 23

BEGLEITHUNDE-PRÜFUNG B ODER DOPPELT HÄLT BESSER

So ein Prüfungserfolg trägt Mensch und Hund eine gute Weile. Wir hatten das Gefühl, dass wir einfach alles schaffen konnten. Die letzte Prüfung lag nun schon zwei Monate hinter uns und Finley und ich waren voller Elan dazu übergegangen, für die Begleithundeprüfung B zu üben. Wäre ja gelacht, wenn wir das nicht schaffen könnten. Ich unterrichtete noch immer in Konstanzes Gruppe. Da alle anderen auch bestanden hatten, waren wir geschlossen in die Junghundegruppe für Fortgeschrittene gewechselt. Unsere Neuankömmlinge übernahm Uschi in der neu gegründeten Anfängergruppe.

Die B-Prüfung unterschied sich in einigen Punkten von der A-Prüfung. Zuerst einmal gab es keinen abgesteckten Parcours mehr. Das Bei-Fuß-Gehen war nach wie vor Bestandteil. Aber dieses Mal bestimmte der Prüfer, wo man ging, wie lang die Strecke war, die man gehen musste, wann ein Sitz eingebaut wurde und wann Hund und Mensch das Lauftempo ändern sollten. Der Richter konnte spontane Richtungswechsel einbauen und anordnen, ob das Mensch-Hund-Team rechts oder links herumdrehen sollte. Er sollte überprüfen, ob der Rückruf zuverlässig funktionierte, und ob der Hund sich willig ins „Sitz“ und „Platz“ begab, wenn sein Halter das wünschte. Der Hund durfte einen Dummy apportieren, was für Finley und mich wohl das geringste Problem darstellte, auch der dabei abgegebene Schuss brachte Finley nicht aus der Ruhe. Das wusste ich inzwischen.

Doch die Königsdisziplin dieser Prüfung war die Ruheübung. Der Hund musste abgelegt werden. Dann verschwand der Hundehalter hinter einer Holzwand, für geschlagene fünf Minuten. Der Hund sollte während dieser Zeit nicht aufstehen, nicht winseln und er durfte auch seinen außer Sicht wartenden Menschen nicht suchen gehen.

Tja, da wurde es für manchen schon schwieriger, auch für Finley. Fremdes Gelände und Frauchen ist außer Sicht? Das ging für ihn gar nicht. Es hätte ja sein können, dass ich hinter der schmucklosen Holzwand heimlich eine Strandbar aufgebaut hatte und dort, einen Mai Tai schlürfend, Hula-Hula tanzend, Ochsenziemer an alle anderen Hunde verteilen würde. Eine Party ohne Finley? Das konnte er nicht dulden. Also stand er auf und schaute vorwurfsvoll hinter die Holzwand und war jedes Mal ziemlich enttäuscht, dass er anstatt eines Ochsenziemers einen properen Einlauf von mir bekam.

Konstanze schlug vor, dass ich Finley durch das Guckloch, das in die Holzwand gesägt worden war, beobachten sollte. Dieses Loch war gerade so groß wie ein handelsüblicher Türspion. Finley und ich gingen also zusammen an den Platz, an dem ich ihn ablegen sollte. Ich sagte „Platz", Finley ließ sich elegant ins Gras gleiten und sah mich an. Ich lobte ihn und gab danach gleich den nächsten Befehl und sagte „Bleib". Er rührte sich nicht. Soweit lief alles nach Plan.

Die Befehlserteilung unterlag strengen Regularien. Wir durften nicht mit unseren Hunden reden. Taten wir es doch, zog der Prüfer nach eigenem Ermessen Punkte ab. Der Befehl durfte nur ein einziges Mal ausgesprochen werden. Sagten wir das „Platz",„Sitz" oder „Bei Fuß" öfter, gab es jedes Mal Punkteabzug. Man durfte das erlernte Handzeichen für „Platz", „Bei Fuß" oder „Sitz" benutzen, allerdings gab es dafür nur dann keinen Punkteabzug, wenn man es exakt zeitgleich mit dem gesprochenen Befehl ausführte. Das Gleiche galt für den konditionierten Hundepfiff. Kamen Befehl und Handzeichen oder der Pfiff zeitversetzt ... Punkteabzug.

Auf meine Nachfrage, warum das so sei, erklärte man mir, diese Regeln hätten ihren geschichtlichen Ursprung in der Jagd. Allein im Wald mit seinem Hund, könne man sich mit seinem Tier auch nicht unterhalten, da würde der Wildschweineber sofort beim ersten Ton aufschrecken und angreifen. Ich hatte so meine Zweifel, was diese Begründung betraf.

Musste man den Hundepfiff dann nicht folgerichtig grundsätzlich untersagen? Oder waren Wildschweineber immun gegen die Klaviatur unserer Hochfrequenz-Hundepfeifen? Mein Nachbar

Volker zum Beispiel hatte es gehasst, wenn ich im Garten mit Finley übte und dabei die Hundepfeife einsetzte. Also nun möchte ich Volker nicht unbedingt mit einem Wildschweineber vergleichen, ABER ... jedes Mal, wenn ich im Garten pfiff, öffnete Volker das Fenster und explodierte wie eine ferngezündete Rohrbombe. Er schwenkte seine geballte Faust im Fensterrahmen und schickte wüste Beschimpfungen herüber in mein kleines Pflanzenparadies. Und in diesem Zusammenhang erschließt es sich mir überhaupt nicht, dass ein wilder Eber im Wald eine längere Zündschnur haben sollte, als der gute Volker, wenn es um Lärmbelästigung ging.

Finley und ich waren in den vergangenen Jahren sehr häufig allein im Wald unterwegs gewesen und ich hatte dabei manches Mal gesabbelt wie ein überbezahlter Talkshowmaster im öffentlich-rechtlichen Fernsehen. Noch nie wurden wir daraufhin von irgendeinem Wildschweineber angegriffen! Aber was weiß ich schon.

Doch zurück zu unserer Übung. Finley lag noch immer da, wo ich ihn abgelegt hatte, und ich war inzwischen hinter meiner Partywand mit dem Türspion verschwunden. Die Hälfte der fünf Minuten hatte mein Rüde schon geschafft. Die Spannung wuchs. Ich konnte nicht anders, neugierig sah ich durch das Loch in der Wand. Als hätte ich eine Angel nach ihm ausgeworfen, stand Finley auf und machte sich gemäßigten Schrittes auf den Weg zu meinem Versteck. Verdammt, dachte ich, solange ich nicht an ihn gedacht hatte und mit dem Rücken zur Holzwand stehen geblieben war, ist er liegen geblieben. Vielleicht war das der Schlüssel? Vielleicht war ich diejenige, die hier eine Lektion zu lernen hatte. Ich musste ihm „blind" vertrauen, durfte meinem Impuls, die Situation beobachten und kontrollieren zu wollen, nicht nachgeben.

Bei unseren nächsten Versuchen disziplinierte ich mich, nahm etwas Abstand von der Wand und drehte ihr den Rücken zu. Ich sah nicht mehr durch das Guckloch und verzichtete auf die Möglichkeit der Korrektur. Wenn Finley nun zu früh aufstehen würde, würde ich die Übung abbrechen und neu aufbauen.

Von Versuch zu Versuch wurde es besser. Irgendwann hatte er verstanden, dass er liegen bleiben sollte, bis ich hinter der Wand hervorkommen und ihn an seinem Liegeplatz abholen würde. Was uns beide betraf, konnte der Prüfungstag kommen.

Unsere Platzleitung fing langsam mit den Planungen für den nächsten Prüfungstag an. Neben den ganzen Routinearbeiten, die dazugehörten, war auch die Frage, welchen Prüfer man zu diesem Event einladen sollte, ein Hauptthema. Im ganzen Bundesgebiet gab es auf den verschiedenen Plätzen Trainer, die sich qualifiziert hatten, Prüfungen abzunehmen. Dennoch war es fraglich, ob ein Prüfer aus Süddeutschland den Weg auf sich nehmen würde, um hier ein paar Hunde im Kreis laufen zu sehen. Also sah man sich in der Nähe um. Das machte mehr Sinn. So musste man niemanden über Nacht unterbringen und sparte Ausgaben ein.

Hier im Norden kamen im wesentlichen vier Prüfer in Frage. Da war natürlich meine alte Platzchefin Erika Düffler. Da ihr Hundeplatz unserem Platz am nächsten lag, war sie gewissermaßen die „Prüferin mit Hausrecht“. Es versteht sich ja von selbst, dass ich nicht besonders scharf darauf war, ihr auf dem Feld der Hundeehre gegenüber zu treten. Aber wenn es nicht anders ging, dann würden Finley und ich auch das schaffen.

Etwas mehr Sorgen machte ich mir da über Jochen aus Quickborn. In der Retriever-Gemeinde wurde er liebevoll Stechschrittjochen genannt. Ihr ahnt es sicherlich schon, Jochen legte insbesondere auf das Bei-Fuß-Gehen enorm viel Wert, die ideale Positionierung des Hundes am Führerbein eingeschlossen. Das wiederum katapultierte ihn auf meiner Liste der Wunschkandidaten in Turbo-Geschwindigkeit auf den letzten Platz. Darüber hinaus war seine fast schon fanatische Liebe zum Regelwerk bekannt. Man atmete besser nicht einmal ohne seine Anweisung, wollte man keine Punkte verlieren. Da ich ja eher in der Mannschaft „Leben-und-leben-Lassen“ spielte, würden der Stechschrittjochen und wir keine ideale Kombination abgeben.

Ich hoffte stark, dass eine der zwei Prüferinnen vom Hundeplatz Bergisches Land Zeit für uns haben würden. Gundel, die seit über zwanzig Jahren Golden Retriever züchtete, drückte schon mal ein Auge zu. Wenn ein Fehler aus ihrer Sicht nicht grundlegend bewies, dass Hund und Halter vollkommen unfähig waren, ließ sie sie die Prüfung bestehen. Bärbel war zwar etwas strenger, aber sie hatte den Ruf, absolut unbestechlich und fair zu sein. Unsere Platzleiterin Uschi hatte, um sicherzugehen, alle vier infrage kommenden Prüfer angeschrieben.

Schon bald danach kamen zwei Absagen. Gundel hatte gerade eine Knieoperation hinter sich und war außerstande, nach Schleswig Holstein zu kommen. Und Bärbel wollte als frischgebackene Oma lieber ihren Enkel Torben Theodor auf den Knien schaukeln, als sich im nasskalten Schleswig Holstein um die Begleithundeprüfung B zu kümmern.

Blieben also nur noch Erika und Jochen als potentielle Prüfer übrig. Für mich hieß es also Pest oder Cholera.

Was soll ich sagen ... Stechschrittjochen bekam den Zuschlag und ich versuchte, Finley die Nachricht ganz schonend beizubringen: „Hör zu, mein Bärchen, ich muss dir etwas sagen. Du musst jetzt ganz stark sein ... Bei-Fuß-Gehen gehört von nun an zu deinem Alltag, leider ... Mami hat dich lieb ...“ Sah ich da eine Träne in Finleys Augenwinkeln?

Dann war er da, der große Tag. Uschi hielt eine Rede, sie liebte das. Aufgekratzt wie eine Büttenrednerin im Kölner Karneval begann sie: „Hallooohooo ihr Lieben, schön dass ihr alle gekommen seid. Viiielen Dank an Jochen, der seinen Sonntag für uns opfert. Liebe Gäste von außen ... herzlich willkommen. Und meine Leute vom Platz, blamiert mich nicht, ihr Lieben, hihihi...“. Und weiter: „Habt ihr denn auch schön geübt??? Heute wird es sich zeigen, welcher Hund den Titel Begleithund redlich verdient und welcher noch mal sitzen bleibt und weiter üben muss ...“.

No pressure liebe Uschi, dachte ich, no pressure. Ihre pädagogischen Fähigkeiten schienen bei wachsendem Druck proportional zu schwinden. Finley hörte sich die Rede vollkommen ungerührt an. „Wer durchfällt, bekommt diesen Monat keinen Ochsenziemer mehr und wird besonders stramm durchgebürstet, hahahaaaa...", hörte ich Uschi eine Peinlichkeit nach der anderen raushauen. Offenbar verabschiedeten sich ihre rhetorischen Fähigkeiten auch und fuhren zusammen mit ihrer Empathie und ihren pädagogischen Kenntnissen in den Kurzurlaub ... oder sie hatte spontan Tourette entwickelt.

Während mein inneres Ooohmm bereits den Weihrauch entzündet hatte und beim Hin- und Herschwenken der Exerzitien-Schale das Vaterunser betete, sagte Finleys Gesichtsausdruck ganz klar, dass er hier sein Ding abziehen würde, ob nun mit Ochsenziemer oder ohne. Solange man diese ominösen Punkte, um die es hier ging, nicht essen konnte, spielten sie in seinem Universum keine Rolle. PUNKT!

Dass Finley offenbar einen Plan hatte, machte es für mich nicht unbedingt besser. Auch der Weihrauch meines inneren Ooohmms konnte mich nicht von den Zweifeln und Befürchtungen befreien, die mir ständig durch den Kopf wanderten.

Ich beobachtete die ersten vier Starter. Was sich dort auf dem Rasenplatz abspielte, konnte an Drama nicht überboten werden. Müsste ich einen Filmtitel dafür auswählen, traf es wohl „Einer kam durch" am besten. Drei von Vieren war eine ganz schön stramme Durchfallquote. Die drei Durchgefallenen gingen ganz unterschiedlich mit ihrem Misserfolg um. Gundi, eine von Uschis Zöglingen, ging laut heulend vom Platz. Jochen, davon offenbar völlig ungerührt, rief ihr hinterher: „Heul nicht Gundi, reiß dich mal zusammen!" Susanne riss sich zusammen, bis sie die Rasenfläche verlassen hatte und warf sich dann, von Heulkrämpfen geschüttelt, in Uschis Arme. Meine Güte, dachte ich, als ob ihr Leben von der Prüfung abhängen würde.

Jutta reagierte da ganz anders. Sie war stinksauer. In ihren Augen war es weder ihre Schuld noch die Schuld ihres Hundes, dass sie die Prüfung nicht bestanden hatten. Sie schob die ganze Verantwortung auf Jochen. Sie war richtig in Fahrt: „Hab' ich mir ja gleich gedacht, dass das heute mit dir als Prüfer nix wird. Wie bist DU eigentlich an deinen Prüferschein gekommen ... Bestechung? Oder hast du jemanden mit deinem Jagdgewehr bedroht? Du bist so ein Pedant, ein so freudloser, hirnverbrannter Möchtegern-Hundeversteher. DU hast auf einem Hundeplatz eigentlich gar nichts zu suchen, du Arsch!!!" Danach drehte sie sich abrupt um, verließ die Wiese, stieg mit ihrem Hund in ihr Auto, knallte die Türen und fuhr mit aufheulendem Motor vom Parkplatz.

Auch wenn ich Juttas Worten eventuell inhaltlich folgen konnte, war ihr Auftritt nicht förderlich für Finley, mich und die anderen, die noch antreten mussten. Da war ich mir sicher.

Uschis Gesicht hatte jegliche Weichheit verloren, ihr Blick war starr. Sie presste ihre Kiefer so fest aufeinander, dass ich ihre Zähne knirschen hören konnte. In einer Welt, in der man den Prüfern regelmäßig Honig um den Bart schmierte, um ihr Wohlwollen zu erlangen, und das fast bis zur Selbstaufgabe, war Juttas Verhalten so etwas wie der ultimative Supergau gewesen. Das konnte Uschi nicht mehr aus der Welt schaffen. Finley und ich hatten jetzt die undankbare Aufgabe, als nächstes Team auf den Platz zu gehen.

Ich ging gemäßigten Schrittes, ein gequältes Lächeln auf den Lippen, auf Stechschrittjochen zu: „Moin, Jochen. Jetzt sind wir dran." Jochen brummelte etwas Unverständliches und sagte dann: „Da rüber, Hund absetzen, herkommen und abrufen." Mannohmann, war der stinkig drauf. Ich tat, was er mir befohlen hatte, setzte Finley ab und ging zum Ausgangspunkt zurück. Kleine Schweißperlen bildeten sich auf meiner Stirn. Meine Hand ergriff die Hundepfeife. Ich setzte einen Doppelpfiff ab und Finley kam wie an der Schnur gezogen zu mir und machte vorschriftsmäßig Sitz. Puh, erste Disziplin bestanden. Ich war erleichtert.

„So, nun wollen wir mal sehen, wie gut dein Hund Bei-Fuß gehen kann", sagte Jochen. Worte wie ein Peitschenhieb. Ich nickte und wartete auf weitere Anweisungen. Jochen weiter: „Geh' einfach mal los. Ich rufe dir dann zu, was ihr machen sollt." Ich nahm Finley auf die linke Seite und ging los. Nach etwa zehn Metern brüllte Jochen los: „Oooond links ... Oooond rechts ... Jeeetzt laufen, hopp,hopp,hopp ... den Schleichgang rrrein ... kehrt links ... kehrt rechts ... nochmal geradeaus ..." Wie in Trance befolgte ich seine Anweisungen und Finley war immer noch bei mir. Man merkte, dass Jochen Berufssoldat gewesen war. Hier konnte er sich noch mal so richtig austoben. „Keeehrt rechts und laufen ... strammer Schritt, marsch, marsch ... und herkommen."

Als wir vor ihm standen, sagte er: „Tja, tut mir leid, aber ihr habt diese Disziplin nicht bestanden." Das bedeutete, null Punkte in diesem Fach. Wir waren also insgesamt durchgefallen, denn null Punkte durfte man in keinem Fach haben. Ich war verwirrt und fragte: „Mit welcher Begründung bitte?" Jochen holte tief Luft und führte aus, Finleys Kopf sei nicht auf Beinhöhe gewesen. „Mal war seine Schnauze am Knie, mal war es die Schulter, aber nie war es der Kopf. Das lasse ich nicht durchgehen. Auf eurem Platz muss mal ein bisschen mehr Disziplin herrschen." Ich war sprachlos. Ich hatte ja wohl noch nie so viel sinnfreien, gequirlten Hühnermist gehört.

Dann sagte Jochen: „Du hast jetzt zwei Möglichkeiten. Möglichkeit eins, du gehst jetzt einfach vom Platz. Möglichkeit zwei, du zeigst Sportsgeist und beendest die übrigen Disziplinen. Dann kannst du hier heute trotzdem erhobenen Hauptes vom Platz gehen." Ich hatte mich inzwischen gefangen. Sportsgeist, ich gebe dir gleich Sportsgeist, dachte ich im Stillen. Hatte der Typ eigentlich noch alle Tassen im Schrank? „Pass mal auf Jochen", sagte ich, „ich nehme Möglichkeit drei." Er guckte mich verwirrt an. „Ich gehe jetzt vom Platz, direkt nach vorn zur Anmeldung. Dort melde ich Finley und mich zur Prüfungswiederholung an. Und wenn du mit allen anderen hier fertig bist, sehen wir uns an dieser Stelle wieder. Bis dahin, lieber Jochen, hast du die Prüfungsordnung hoffentlich so oft runtergebetet, dass dir wieder eingefallen ist, dass das, was du hier als Begründung für unser Versagen angeführt hast, kein Grund gewesen war, uns durchfallen zulassen. Jedenfalls nicht im Sinne der Prüfungsordnung des VLHHM. Und wann ich mein Haupt erhebe und wann nicht, bestimme ich und sonst niemand. Wir sehen uns." Tusch, Abgang.

Ich ging zu Uschi, deren Kopf hochrot angelaufen war. Sie fragte: „Wieso seid ihr durchgefallen, das sah doch alles gut aus?" Ich setzte sie ins Bild und beendete meinen Vortrag mit: „Er meint, es fehlt uns hier an Disziplin." Uschi schäumte: „Den hole ich jetzt vom Platz. Ich breche hier jetzt alles ab. Der soll doch an seinem Ego ersticken." Ich versuchte sie zu beruhigen: „Lass das mal, Uschi. Die Leute hier haben alle geübt und möchten antreten. Du und ich, wir gehen jetzt zur Anmeldung. Finley und ich treten heute noch mal an." Sie sah mich völlig entgeistert an: „Echt jetzt?" Und dann: „Alle Achtung! Wenn ihr das schafft, nach dem ganzen Stress, dann gibt es nächste Woche Fassbier auf unserem Platz."

Nachdem ich uns angemeldet hatte, trafen Uschi und ich noch ein paar Vorkehrungen. Ab sofort wurden alle Prüfungen mit dem Handy aufgenommen. Wenn Jochen fragen würde warum, würde Uschi ihm erklären, die Aufnahmen seien für das zukünftige Training gedacht. Natürlich würden diese Videos auch herangezogen werden, wenn es Grund zum Einspruch gegen das Ergebnis geben würde. Aber das behielten wir für uns. Ich zog mich mit Finley, etwas Futter und Wasser in den angrenzenden Wald zurück. Ein bisschen weg vom Trubel und von dem ganzen Stress, das würde uns guttun. Uschi würde mich auf dem Handy anrufen, wenn die letzten zwei Prüfungen anstanden.

Wir gingen zu dem kleinen See. Ich setzte mich auf den abgesägten Baumstumpf am Ufer und beobachtete Finley beim Planschen. Als er genug hatte, gab ich ihm ein wenig zu fressen. Danach legte er sich hin und schlief gleich ein. Ich las inzwischen ein Buch auf meinem Kindle. Nach etwa zwei Stunden rief mich Uschi an und beorderte uns zurück. „Pass auf, mein Dicker", sagte ich zu Finley, „jetzt kommt es wirklich drauf an, wir wollen uns doch nicht blamieren, oder?"

Eine halbe Stunde später standen wir wieder auf dem Platz.

„Und ihr wollt‘ das wirklich tun?“, fragte Jochen. „Absolut“, sagte ich. Er sah mich lange an und sagte: „Na dann mal los. Wir fangen mit dem Bei-Fuß-Gehen an.“ Ich zuckte nicht einmal mit der Wimper. Ich ging ein kleines Stück mit Finley und setzte ihn dann an meine linke Seite. Dann sagte ich „Fuß“ und wir liefen. Jochen brüllte seine Befehle über den Platz und Uschi filmte den Ablauf. Ich wusste, dass Finley sich in keiner Weise anders verhalten hatte als am Vormittag und war sehr gespannt, was Jochen am Ende sagen würde. „Ihr bekommt einen von zehn Punkten“, sagte er zu mir. Ich nickte kommentarlos, denn das bedeutete, Fach bestanden. Sch... auf die Punktezahl.

Wir arbeiteten uns durch die anderen Disziplinen hindurch, ohne dass ich jedes Mal den Punktestand erfuhr. Dann kam das letzte Fach. „Du suchst dir jetzt einen Platz aus, an dem du deinen Hund ablegst und gehst hinter die Wand“, sagte Jochen. Ich legte Finley etwa 20 Meter vor der Holzwand ab, befahl ihm, zu bleiben und verschwand hinter meiner Partywand. Wie ich es immer geübt hatte, drehte ich den Rücken zur Wand und versuchte, an was anderes zu denken. Am Zaun standen Uschi und die anderen und drückten uns die Daumen.

Da Finley nach einiger Zeit noch nicht aufgetaucht war, ging ich davon aus, dass alles rund lief. Plötzlich hörte ich ein kollektives Aufstöhnen von meiner Truppe am Zaun. Alle sahen in den Himmel, also tat ich es ihnen nach. Dort kam eine Gruppe Fluggänse mit lautem Gezeter auf den Platz zugeflogen. Drei Gänse lösten sich aus der Gruppe und steuerten unsere Rasenfläche an. Ich hielt mich an meine Strategie, wandte dem Geschehen den Rücken zu, summte verzweifelt das Nils-Holgerson-Lied und ließ der Tragödie ihren Lauf. „Nils Hooolgerssooon ... fliegt mit den Gänsen davon... Finley, du machst das schon, machst das schon, machst das schon ...“

Wie ich später in Uschis Video sehen konnte, landeten die drei Gänse etwa zehn Meter weiter rechts von Finley und fraßen Gänseblümchen oder was sie sonst noch so auf dem Speiseplan stehen hatten. Dann hoben sie wieder ab und verschwanden am Horizont. Während ich hinter der Holzwand zur Salzsäule erstarrt war, hatte Finley die Gänse sehr interessiert beobachtet, blieb aber die ganze Zeit liegen und gab keinen Mucks von sich. Eigentlich kann ich das bis heute noch nicht fassen. Ob er nun unfassbar artig gewesen war oder einfach nur unglaublich groggy von dem ganzen Tag, war mir damals ehrlicherweise völlig schnuppe. Das war sensationell gewesen für einen Jagdhund. Kurz darauf beendete Jochen die Prüfung. „Du darfst jetzt zu deinem Hund gehen. Anleinen und vom Platz gehen, bitte. Äh, und bestanden. Wir sehen uns bei der Punktevergabe." Ich nickte und trottete davon.

Erst jetzt merkte ich, wie hungrig ich war. Ich futterte mich einmal quer durch das Buffet, für das unsere Bienchen gesorgt hatten. Finley bekam getrockneten Pansen zur Belohnung. Ich rief meinen Mann an, dass er schon einmal den Wein kaltstellen sollte. Weil wir feiern würden, bis die Sicherungen rausfliegen, sobald Finley und ich wieder zu Hause wären.

Dann bekamen wir unsere Urkunden. Uschi rief ein Team nach dem anderen auf. Jochen verkündete dann die erreichte Punktezahl und übergab die kunstvoll gestalteten Urkunden. Die ersten drei Plätze wurden extra prämiert. Es gab lustige Schlüsselanhänger oder hübsch gestaltete Halsbänder für die Hundepfeifen zu den Urkunden dazu. Meine Freundin Bettina belegte den dritten Platz mit ihrem Paul, was mich besonders freute. Wir umarmten uns und ich bewunderte ihren neuen Schlüsselanhänger. Allerdings wunderte ich mich auch ein wenig darüber, dass Finley und ich nicht schon längst aufgerufen worden waren. Gab es am Ende doch noch Schwierigkeiten?

Nachdem Lieselotte und ihr Emil für den zweiten Platz ausgezeichnet worden waren, machte ich mir echte Sorgen.

Dann hörte ich Uschis Stimme: „Den ersten Platz belegen Finley und Birgit mit der heute höchsten Punktezahl. Jochen ... bitte ... du bist dran." Stechschrittjochen räusperte sich und sagte: „Tja, also wer hätte das heute Morgen gedacht. Trotz nur einem Punkt fürs Bei-Fuß-Gehen hat dieses Team in allen anderen Fächern die kompletten Punkte eingefahren und das reicht mit 71 Punkten für den Sieg. Gratuliere."

Benommen nahm ich unsere Urkunde in Empfang. Finley bekam eine Siegerschleife mit Rosette und einen Dummy. Dazu gab es noch einen Sack Futter und ein Halsband mit Glitzersteinen für meine Hundepfeife. Ich bedankte mich, noch immer ungläubig. „Vielen Dank ... Finley, du bist klasse!" Ich umarmte meinen Bären, der diesen superanstrengenden Tag so gut durchgehalten hatte.

Später kam Jochen noch mal zu mir und sagte: „Wenn du bei mir mal hospitieren möchtest, jederzeit. Eier hast du ja." Ich nickte stumm, ersparte mir eine Entgegnung und sah seine Bemerkung so, wie sie hoffentlich gemeint war. Als eine etwas hölzerne Entschuldigung eines ehemaligen Berufssoldaten, für sein schlechtes Benehmen am Anfang des Tages und ein bisschen auch als Anerkennung für unsere Resilienz.

KAPITEL 24

IN VINO VERITAS ODER ERINNERUNGSLÜCKEN SIND DER HAUPTGEWINN AM BODEN JEDER SEKTFLASCHE

Solltet ihr euch im letzten Kapitel gefragt haben, warum ihr von meinem Züchter Michael nichts gelesen habt, ist der Grund schnell genannt. Er war schlicht nicht da, an unserem Prüfungstag.

Da es keine Dummy-Prüfung gegeben hatte, wurde aus seiner Gruppe niemand geprüft. Auf die Idee, als Trainer die anderen Leute vom Platz zu unterstützen, kam er offenbar nicht. „So ist er eben, es dreht sich immer nur um ihn", sagte Konstanze. Uschi nickte und antwortete: „Ich bin wirklich enttäuscht. Ein wenig mehr Teamgeist hätte ich von ihm erwartet." Seine Sache, dachte ich. Damit war das Thema für mich erledigt.

Wenn ich ehrlich bin, konnte mich im Moment nur wenig erschüttern. Ich hatte die für den VLHHM-Trainerschein nötigen Prüfungen in der Tasche. Jetzt konnte ich mit der Ausbildung auf dem Platz fortfahren.

Was auf dem Platz niemand wusste, war, dass ich außerhalb des Hundeplatzes meine Ausbildung zur Hundetrainerin mit Hochdruck vorangetrieben hatte. Bald stand auch dort die praktische Prüfung an. Die theoretische Prüfung hatte ich bereits in der Tasche. Das war gut für mein Selbstbewusstsein, aber schlecht für meine Reputation auf dem Hundeplatz. Deshalb behielt ich diese Information für mich. Ich war sicher, dass meine private Initiative, auch außerhalb des Vereins als Hundetrainerin arbeiten zu können, von den Verantwortlichen auf dem Platz nicht gut aufgenommen werden würde.

Am Sonntag nach der B-Prüfung ging es auf unserem Platz hoch her. Es gab tatsächlich Bier vom Fass und jeder brachte was Leckeres zum Essen mit, für ein formloses Buffet. Finley hatte ich an diesem Tag zu Hause gelassen, er hatte um etwas mehr Ruhe gebeten.

Karin Schulte-Bruchsack, eines der Urgesteine unseres Hundeplatzes, hatte zudem noch eine Marge Prosecco-Flaschen mitgebracht, mit deren Anzahl die „Sansibar" auf Sylt die Sommersaison hätte überleben können, ohne nachbestellen zu müssen. Nun stand dieses verwöhnte Geschöpf an der improvisierten Bar und ließ die Korken knallen.

Karin war Bauunternehmerin durch Erbfall. Als Karin ihren Mann Ewald kennengelernt hatte, war sie eine 28 Jahre alte Bürokraft und Ewald schon ein erfolgreicher Bauunternehmer in seinen besten Jahren. Er und seine damalige Frau Rosemarie hatten die Bruchsack GmbH aus dem Nichts aufgebaut. Zwei schon fast erwachsene Söhne, Fritjof und Hauke, standen bereit, die Nachfolge in Vaters Firma anzutreten. Weil aber das, was man in Ewalds Generation bei Männern „die besten Jahre" nannte, für die dazugehörigen Ehefrauen gleichbedeutend war mit „sie war früher mal sehr hübsch", war Ewald für die Reize seiner Bürokraft Karin exorbitant empfänglich gewesen. Genauso gut wie Karin die Wirkung ihrer Reize auf Ewald erkannte, genauso gut kannte sie den Kontostand ihres Chefs. Schließlich arbeitete sie ja in der Buchhaltung.

Sie band ihre rotblonden Haare zu einem kessen Pferdeschwanz hoch, zog eine enge Hose an und ergänzte ihr Outfit durch eine, auf den ersten Blick unschuldig wirkende, ärmellose Bluse mit Bubikragen. Sie lackierte ihre Fingernägel knallrot und trug einen gleichfarbigen Lippenstift auf, was in den sechziger Jahren immer noch einem Nimm-mich-Baby-Signal gleichkam. Man traf sich zuerst diskret im Hotel an der Ostsee, dann schenkte Ewald ihr eine Wohnung in einem Wohnblock, den seine Firma gebaut hatte. Weil Rosemarie nicht dumm war, bekam sie das heraus und machte Ewald die Hölle heiß. Scheidungsanwälte wurden tätig, es wurde eine Schlammschlacht. Karin saß derweil in ihrem Appartement mit einer fetten Apanage. In Ewalds Firma arbeiten durfte sie unter diesen Umständen vorerst nicht mehr.

Kurz nach der Scheidung von Rosemarie läuteten für den alten Ewald und die knackige Karin die Hochzeitsglocken. Fritjof und Hauke waren Trauzeugen, Ewald hatte es so gewollt. Die Zwei hatten zugestimmt, wohl auch, um die Erbfolgenregelung zu retten. Dass sie von dieser Ehe nicht erbaut waren, konnte man ihnen deutlich ansehen. Die beiden jungen Männer starrten düster auf ihre Schuhspitzen. Wenn man die alten Hochzeitsfotos betrachtete, konnte man den Eindruck gewinnen, dass Karin sehr viel Glück gehabt hatte, dass Fritjof sie nicht mit dem silbernen Kerzenhalter vom Altar k.o. geschlagen hatte, damit sein Bruder Hauke sie gleich danach im benachbarten Taufbecken ertränken konnte.

Die folgenden Jahre wurden nicht leicht für Ewald. Karin wollte das Leben in vollen Zügen genießen, aber gleichzeitig auch das Baugeschäft von der Pike auf erlernen. Sie bewegten sich also ständig zwischen Baustellen, Gesellschaftspartys und Urlauben in Nizza, Biarritz und Rimini hin und her. So ganz nebenbei überzeugte Karin ihren Mann von ihren bauunternehmerischen Fähigkeiten, sodass dieser seine Söhne aus dem Testament herausschreiben ließ. Als Ewald dann plötzlich verstarb, klagten die Jungs ihre Pflichtteile ein. Karin bezahlte das aus der Portokasse und war frei. Hach, Familienklatsch ... so unterhaltsam.

Etliche Jahrzehnte später saß sie nun in fast dem gleichen Outfit, mit dem sie damals Ewald bezirzt hatte, auf einer Bank auf unserem Hundeplatz und zwitscherte sich einen hinter die Binde. „Los Leute, so jung kommen wir nicht mehr zusammen“, prostete sie uns zu. Uschi blickte besorgt auf Karin. Ute kam zu mir, zog mich zum nächsten Stehtisch und sagte: „Jetzt geht's wieder los. Karin säuft hier alle unter den Tisch. Dann hält man sich besser von ihr fern.“ Ute berichtete, dass Karin, als sie das letzte Mal „hackedicht“ gewesen sei, Michael als Frauen verschlingenden, promiskuitiven Absahner und Witwentröster beschimpft hätte. Seitdem hassten die zwei sich mit einer Leidenschaft, um die sie Angelina Jolie und Brad Pitt zu ihren besten Zeiten beneidet hätten.

Während Ute mir das erzählte, ging Karin wankend zu ihrem SUV und holte ihren Nerz aus dem Kofferraum. Mit einer ausholenden Geste warf sie den Nerz, mit der gefütterten Seite nach unten, zu Boden und bedeutete ihrer Hündin Jella, sie solle auf dem Nerz platznehmen. „Jellaschätzchen, du sollst auch nicht leben wie ein Hund ..." Jella legte sich zögernd auf Karins Pelz. Karin hob ihr Glas und rief: „Alles ist vergänglich, nur der Durst bleibt lebenslänglich. Prösterchen!"

Bettina hatte sich zu Ute und mir gestellt. Mit Blick auf Karin sagte sie: „Man weiß nicht, ob man lachen oder weinen sollte ..." Ich sah sie an und sagte: „Am besten, so gut es geht, alles ignorieren." Bettina nickte und sagte: „Hauptsache, sie schießt sich nicht wieder auf irgendjemanden ein." Ihr besorgter Ton war mir nicht entgangen.

Da hörten wir Michaels Stimme. „Hat jemand Lust, ein paar Dummy-Übungen mit mir zu machen? Dann treffen wir uns gleich auf dem Platz." Ute sagte: „Das ist doch eine gute Alternative." Sie nahm Lisas Leine und ging auf den Platz. Insgesamt gingen zehn von uns auf den Platz. Ich lieh mir Lieselottes Rüden Emil aus. Mit den Worten, „Der bekommt eh zu wenig Bewegung", übergab Lieselotte mir ihren weißblonden Schatz. Auf dem Weg zur Wiese konnten wir hören, wie Karin ihren nächsten Trinkspruch heraushaute: „Das Leben ist zu kurz, um schlechten Sekt zu trinken. Skol!"

Michael wollte mit einem einfachen Apport anfangen. Nur mal so zum Warmmachen, wie er sagte. Er grinste mich an und warf den Dummy. Was er und auch einige andere wussten, mir aber nicht sagten, war, dass Emil sehr eigen war und nicht mit fremden Menschen arbeitete, egal wie sehr sie sich abmühten.

Ich setzte Emil neben mir ab und sagte, wie ich fand sehr enthusiastisch: „Apport!!!". Emil lief los. Auf halber Strecke hatte er es sich offenbar anders überlegt. Er stoppte, drehte sich um und setzte sich brav hin. Er warf mir einen bedeutungsvollen Blick zu. Meine Aufgabe war es nun, ihn zu animieren, mir doch freundlicherweise den Dummy vorbeizubringen. Ich habe alles gegeben, von in den Wind gerufenen Befehlen wie, „Voran", über wilde Handzeichen in Richtung Dummy, bis hin zu den bettelnden Worten, „Emilchen, steh auf und hol den Dummy ... biiiitteeee", hatte ich alles versucht. Am Ende stand ich da und gestikulierte wie eine Stewardess im Mittelgang einer Boeing 747: „Guten Tag, mein Name ist Birgit und ich betreue sie heute in ihrem Dummytraining. Fällt ein Dummy in einer zumutbaren Entfernung und ich sage Apport, wäre es im Anschluss ihre Aufgabe, den Gegenstand zu mir zurückzubringen. Nach geleisteter Arbeit hätten sie die Wahl zwischen einer Bloody Mary oder einem Stück Pansen ...“

Emil saß noch immer da, ganz würdevoll, verzog keine Miene und zuckte nicht einmal mit den Wimpern. Am Ende holte ich den Dummy und brachte ihn zu Emil. Dieser nahm das Beutestück begeistert an und brachte es an den Zaun, zu der sich vor Lachen biegenden Lieselotte. Als ich auf die beiden zuging, hörte ich, wie Karin rief: „Unser letzter Wille ... immer mehr Promille! Cheeriooooo!“

Michael trainierte noch eine halbe Stunde weiter mit den Anderen. Ich stand am Zaun und sah zu. Langsam bewegte sich die Gruppe auf die Pforte zu. Als Michael die Rasenfläche verließ und sich ein Bier holen wollte, hörte ich Karin sprechen: „Sieh an, sieh an, da ist er ja. Michael, unser Rütter für Arme. Der Mann, der mit den Golden tanzte, dass ich nicht lache. Ich habe gerade gesehen, wie du deine Hündin behandelst. DAS IST TIERSCHUTZRELEVANT! Aber der Michael darf ja alles ungestraft.“ Dann erhob sie ihr Glas und beendete ihre Brandrede mit: „Nich lang schnacken, Kopp in Nacken! Zum Wohlsein, allerseits!“ Auweia, dachte ich, das konnte nicht gut gehen.

Hätte sie behauptet, er würde an jedem zweiten Wochenende kleine Babyrobben erschießen, hätte seine Reaktion nicht heftiger ausfallen können. Michael war kreidebleich, seine Lippen leicht blau. Er richtete seinen stechenden Blick auf Karin und sagte: „Ich würde ja sagen, dass du hier verschwinden sollst. Aber zum Autofahren bist du ja schon viel zu besoffen. Jeder hier weiß, dass ich meine Tiere gut behandele. Du hast hier nur wieder bewiesen, dass du eine notorische Lügnerin bist, der man nicht über den Weg trauen darf. Würde mich überhaupt nicht wundern, wenn deine Häuser irgendwann alle wegen Materialermüdung einstürzen würden.“ Karin hatte noch ein paar Schimpfworte, die sie auf ihren Baustellen aufgeschnappt hatte, parat. Sie warf sie Michael alle nacheinander an den Kopf. Details erspare ich euch hier.

Wer hätte es gedacht, aber nach diesem erquicklichen Dialog war aus unserer Feier irgendwie die Luft raus. Ich war so froh, dass Finley zu Hause geblieben war. Solche Manieren sollte er sich nicht abgucken. Wir packten alle unser Geschirr ein, stellten das Bierfass und die übriggebliebenen Proseccoflaschen in unseren Schuppen. Karins Auto fuhren wir auf eine schlecht einsehbare Stelle des Parkplatzes und riefen ihr ein Taxi. Nachdem sie eingestiegen war, kurbelte sie die Fensterscheibe herunter, hielt eine geöffnete Sektflasche heraus und rief: „Ein Sekt in Ehren ... kann man wehren ... soll man zisch'n ... wie nix ...STÖßCHEN!!!“ Der Taxifahrer fuhr los. Noch von Weitem konnten wir Karins ausgestreckte Hand mit der Sektflasche in der Hand sehen. Etwas bedröppelt fuhr ich nach Hause. Dass jemand sich derartig abschoss, hatte ich zuletzt irgendwann während meines Studiums beobachtet.

Am nächsten Tag wagte ich einen Blick in die Trainings-WhatsApp-Gruppe, die Uschi eingerichtet hatte. Sie hieß „Work and Fun“.

Uschi: *„Alle gut zu Hause angekommen?“*
Luise: *„Klar, Herz-Emoji“*
Ute: *„Jo, Putzmunter Zwinker-Emoji“*
Ich: *„Daumenhoch-Emoji“*
Michael: *„Wir müssen reden, Uschi“*
Uschi: *„Ruf mich an“*
Konstanze: *„Hat jemand was von Karin gehört?“*
Lieselotte: *„Emil vermisst dich, Birgit“*
Ich: *„Hahahaaa“*
Karin: *„Weiß jemand, wo mein Auto ist ....“*

KAPITEL 25

JAGDTRIEB UND ANDERE UMTRIEBIGKEITEN

Am Montagmorgen klingelte mein Handy. „Finleys Züchter“ stand auf dem Display. Ich ging ran und Michaels Stimme erklang: „Ja, hallo ... äh, was war das da eigentlich am Sonntag? Ich meine, die kann mir sowas nich‘ an den Kopf knallen. Das muss Konsequenzen haben. Also, was machen wir?“

Och nö, dachte ich bei mir, damit habe ich eigentlich gar nichts zu tun und sagte: „Mir tut das echt leid, dass Karin dich beleidigt hat. Für mich klingt das so, als ob zwischen euch auch einiges aufgearbeitet werden müsste. Ihr Zwei solltet euch zusammensetzen und das untereinander klären.“ Michael räusperte sich. Er war offensichtlich nicht zufrieden mit der Richtung, in die sich unser Gespräch entwickelte.

Mit rauer Stimme sagte er: „Tja, also ich kann mit der Frau nich‘ mehr zusammenarbeiten. Die geht mir unglaublich auf den Sack. Karin muss weg vom Platz!“

Ich: „Das musst du dann mit Uschi besprechen. Da kann ich gar nichts machen. Sie ist die Platzchefin und entscheidet über Platzverweise.“

Michael: „Du sollst mich aber unterstützen.“

Ich: „Wie stellst du dir das denn genau vor?“

Michael: „DU könntest ja sagen, dass das nicht geht, dass Karin mir Verstöße gegen das Tierschutzgesetz vorwirft, und dass DU willst, dass sie vom Platz fliegt.“

Dieser kleine Feigling, dachte ich bei mir und antwortete:

„Tut mir leid Michael, aber das ist deine Sache. Ich bin vielleicht kein großer Fan von Karin, aber vom Platz werfen lasse ich sie nicht. Ihr Zwei seid erwachsene Menschen und solltet einen Weg finden, diesen unschönen Vorfall untereinander zu klären.“

Es folgte eine dröhnende Stille. Ich fühlte Michaels Empörung fast körperlich. WIE.KANN.SIE.NUR.NEIN.SAGEN!

Dann sagte er: „Ja, damit hab ich nun nicht gerechnet - Kunstpause - dass du mir diesen Wunsch abschlägst - Kunstpause - sehr enttäuschend – Kunstpause - dann sehen wir uns wohl nächsten

Sonntag – Kunstpause - Tschüss!" Dann legte er auf, ohne eine Antwort abzuwarten.

Mein Mitgefühl für Michael war inzwischen auf ein Minimum geschrumpft. Wenn ich ehrlich bin, ich war genervt. Eigentlich lief doch gerade alles so gut auf unserem Platz und jetzt wehte schon wieder ein steifer Wind. Irgendetwas sagte mir, dass sich diese Windböen zu einem ordentlichen Orkan entwickeln konnten. Das war meine Freizeit dort auf dem Hundeplatz. Missstimmung, eine brodelnde Gerüchteküche, gegenseitige Vorwürfe, Lügen, Mobbing, alles das hatte ich, das war jedenfalls meine Hoffnung gewesen, auf Erika Düfflers Platz zurückgelassen. Und jetzt sah es schon wieder so aus, als würden wir mit Karacho auf eine kapitale Krise zusteuern.

Seufzend setzte ich mich zu Finley auf die Erde und kuschelte mich an ihn: „Weißt du Dicker, auf diese blöde Kinderkacke habe ich überhaupt keine Lust mehr. Ich möchte doch bloß ein bisschen trainieren und Spaß haben."

Bald stand meine verheimlichte, vereinsexterne Prüfung zur Hundetrainerin an. Zusätzlicher Stress war das Letzte, was ich jetzt brauchen konnte. Finley hob seinen Kopf, sah mir ins Gesicht und ließ seine Schlabberzunge einmal quer über mein Gesicht gleiten. Girrrch! Zugegeben, das war grenzwertig, aber es war genau das, was ich gerade brauchte.

Zwei Tage später standen zwei meiner Kundenteams und ich im Volksdorfer Wald und warteten auf die Dame vom Veterinäramt, die die praktische Prüfung abnehmen sollte. Das Thema des Trainings durfte ich selber wählen. Der Jagdtrieb und wie man ihn in Bahnen lenken konnte, erschien mir die richtige Wahl zu sein. Deswegen kamen zu diesem Zeitpunkt etwa 75 Prozent meiner Kunden zu mir. Manche, ohne zu wissen, dass ein unkontrollierter Jagdtrieb der Grund für ihre Probleme war. Ich lud also zu einem Training ein, dass gemeinhin „Antijagdtraining" genannt wird.

Ich persönlich benutze den Begriff „Antijagdtraining" nicht gerne, weil er missverstanden werden kann. Einige meiner Kunden, allesamt stolze Besitzer von Jagdhunden, waren mit der Überzeugung zu mir gekommen, dass wir ihrem Hund das Jagen komplett abgewöhnen könnten. Das ist schlicht nicht möglich. Der Jagdtrieb ist eine in der DNA verankerte Veranlagung.

Über hunderte von Jahren haben Züchter sichergestellt, dass ihre Zuchttiere gute jagdliche Anlagen haben und den Jagdtrieb so von Generation zu Generation verstärkt. Die Hunde sollten mit den Menschen zusammenarbeiten. So entstanden eine Vielfalt von Jagdhunderassen, die auf die unterschiedlichen Sequenzen des Jagdverhaltens spezialisiert waren. Beute aufstöbern, einfrieren beim Anblick von Beute, anpirschen, hetzen, stellen, apportieren oder packen und töten, alles das können diese Hunde.

Es ist übrigens ein Mythos, dass es Hunde ohne Jagdtrieb gibt. Jeder Hund hat ihn, egal welcher Rasse er zugehört. Der Trieb ist nur unterschiedlich geprägt und unterschiedlich stark. Wenn euer Hund beim Spaziergang seine „Zeitung liest" und schnüffelt, dann ist er bereits auf der Jagd. Er lebt seinen Trieb aus. Es empfiehlt sich also, auch dieses Verhalten ab und an zu unterbrechen und so die Kontrolle über diesen Trieb zu übernehmen.

Wie sollte man also an die Erziehung eines Jagdhundes herangehen? Ernsthaft, wenn ich mir als Nichtjäger einen Jagdhund anschaffe und nicht gewillt bin, mich mit seinen jagdlichen Veranlagungen auseinanderzusetzen, wäre es vielleicht klüger, mir einen Hund außerhalb des Jagdhundespektrums auszusuchen. Wenn die Wahl dann doch auf einen Retriever, Spaniel, Galgo, Vizsla oder gar einen Weimaraner (weil er ja so elegant aussieht) fallen sollte, dann sollte die nächste Überlegung nicht sein, wie man diesen Hund so drillen kann, dass er alles vergisst, was seine DNA ihm ins Ohr wispert. Dann sollte der nichtjagende Hundehalter beginnen, sich zu fragen, was er für seinen Jagdhund tun kann, damit der Jagdtrieb in seinem Hund nicht eskaliert.

Die wirklich wichtigen Fragen lauten also: Was muss ich mit meinem Hund unternehmen, damit er genügend Gelegenheit bekommt, sich seinen Anlagen entsprechend zu beschäftigen?

Was muss ich mir mit meinem Hund erarbeiten, damit ich seinen Jagdtrieb lenken kann? Wie kann ich ihn davon abhalten, wirklich auf die Jagd zu gehen? Die eigentliche Gefahr ist also nicht, dass der Jagdtrieb „geweckt" wird, sondern die Möglichkeit, dass er außer Kontrolle gerät und Pfiffi wildern geht.

Ich hatte meine beiden treuesten Kundinnen zum Training eingeladen. Die zwei Damen vom Veterinäramt standen, ihre Klemmbretter bereit, an einer alten Eiche im Wald und warteten darauf, dass wir unser Training begannen. Die beiden Hunde waren als Welpen zu mir gekommen und wir hatten schon einiges zusammen durchgestanden. Sabine und Rasmus waren inzwischen zu einem tollen Team zusammengewachsen. Der vier Jahre alte Golden Retriever Rüde hatte eine Hardcore-Pubertät hinter sich, ähnlich wie mein Finley. Jetzt nachdem der Hormonsturm sich weitestgehend gelegt hatte, konnte Rasmus endlich allen zeigen, dass in ihm schon immer ein souveräner, gutmütiger Hund geschlummert hatte.

Emma, die einjährige Labradorhündin von meiner anderen Kundin Heike, hingegen steckte noch mitten in der Pubertät. Das zeigte sich bei ihr vor allem in einer manchmal überbordenden Albernheit. Sie ließ sich leicht ablenken. Da reichte schon ein vom Baum segelndes Blatt aus und sie brach aus einer Übung aus, um zu verhindern, dass dieses arme Blatt auf dem harten Boden der Tatsachen aufschlug.

Ich hatte mich für Dummytraining entschieden. Dummyarbeit eignet sich gut dafür, den Jagdtrieb eines Hundes auszulasten. Wenn es darum geht, die Frustrationstoleranz unseres Vierbeiners auszureizen und seine Impulskontrolle zu trainieren, sind diese mit Sand gefüllten, kleinen Jutesäcke wahre Wunderwaffen.

Mir gab der unterschiedliche Ausbildungsstand von Rasmus und Emma die Gelegenheit zu zeigen, wie man die Übungen entsprechend anpassen kann.

Rasmus und Emma hatten wohl einen besonders guten Tag, denn die ersten Apporte liefen einwandfrei. Gelegentlich gab es kleine Unterbrechungen durch andere Hundehalter und ihre Vierbeiner. Ich hatte gerade vier Dummys für Rasmus ausgelegt, da kam ein schwarzer Labrador über den bewaldeten Hügel auf unsere kleine Gruppe zugelaufen. Von seinem Menschen war weit und breit nichts zu sehen. Bevor Rasmus überhaupt zur Suche ansetzen konnte, hatte sich der andere Rüde zwei der Dummys gegriffen und legte sie auf den Waldweg. Den letzten Dummy trug er stolz an Rasmus, Emma und uns Menschen vorbei. Er präsentierte seine Beute. Natürlich war sein Verhalten auch provokant.

Ich sah, dass Rasmus sich steif machte. Dass ihm ein anderer Rüde die Übung kaputt kloppte, gefiel ihm gar nicht. Es würde nicht lange dauern und er würde dem schwarzen Rüden zeigen wollen, wo sein Platz ist, nämlich unter einem frisch aufgeschütteten Erdhügel bei den großen Farnen, gleich hinter der umgestürzten Birke. Also bat ich Sabine, mit Rasmus ein kleines Stück in die entgegengesetzte Richtung zu gehen, um ihrem Rüden so die Gelegenheit zu geben, sich wieder etwas herunterzufahren. Gleichzeitig verhinderte ich, dass der Labbi den beiden folgte. Meine Prüferin hatte das Handy gezückt und filmte uns. Na bravo! Emma wurde auch unruhig und Heike machte sich auch auf den Weg und wich in das angrenzende Unterholz aus.

Endlich hörte ich eine Frauenstimme, wie sie nach dem Labbi rief: „General ... Generahaaal ... wo bist duhuuu?" Ich widerstand der Versuchung mit den Worten, „dritte Eiche links", zu antworten, und winkte der Frau zu. Sie sah etwas derangiert aus. Ihre blonden Haare hingen ihr in die Augen, an ihrem Pullover klebten Tannennadeln und Kletten. In der rechten Hand trug sie eine verknotete Schleppleine. Ich konnte mir in etwa vorstellen, wie ihr Spaziergang bis hierhin ausgesehen hatte. Als sie ihren ‚General' erblickte, riss sie die Hand hoch, wedelte mit der Leine und stürzte auf das arme Tier zu: „Daaa bist du ja. Los, an die Leine ... nein, bleib stehen ... stillhalten ... du blöder Flitzer ... wiiir wollen nach Hause." General wollte alles, nur nicht nach Hause. Er nahm Anlauf, sprintete auf sein Frauchen zu und semmelte die arme Frau von den Füssen. „Aua ... KommjetztherduDussel ... General, bitte hier, komm, stehenbleiben, mach Sitz, Platz, Hals stillhalten, NEIN, nicht ..."

Entweder die Frau bewarb sich gerade bei der Buchstabenolympiade, in der Klasse für die längste und sinnfreieste Befehlskette ever, oder sie hatte absolut keinen Plan, wie sie ihren Hund in dieser hochgefahrenen Situation erreichen konnte. Jeder Befehl putschte den Labradorrüden weiter hoch. Jede Bewegung seines Frauchens katapultierte seine bewusste Wahrnehmungsfähigkeit noch weiter ins Nirvana.

Als die Frau gerade wieder auf ihn zulief, wich er geschickt aus, lief provozierend an ihr vorbei, gerade so weit entfernt, dass die Arme ihn nicht am Halsband packen konnte. Der General hatte die Jagdspielsaison eröffnet und er war Master oft the Game. Eines musste man der Frau lassen, sie gab nicht auf. Nur sah ich keine Chance, dass ihre Strategie des Hinterherjagens irgendwie zum Erfolg führen konnte. Da ich ohnehin davon ausging, dass ich gerade durch die Prüfung gerasselt war, beschloss ich einzugreifen. „Entschuldigung, sie sind ja ganz außer Atem. Darf ich ihnen helfen?" Sie atmete schwer und nickte.

Sie reichte mir ihre Hand und sagte: „Moin, Brigitte und Entschuldigung hierfür." Ich antwortete, „kein Thema" und sammelte die Dummys ein. Dann legte ich sie gut sichtbar wieder aus. General stutzte und beobachtete mich.

Dann gab ich ihm mit einer ausladenden Handbewegung das Zeichen, dass er die Dummys holen durfte. Sabine und Heike hatten sich mit ihren Hunden inzwischen zu den Prüferinnen gestellt.

General stürzte sich auf den ersten Dummy, drehte eine kleine Runde mit ihm und legte ihn dann in meiner Nähe ab. Natürlich verspürt man als Mensch dann den Impuls, zu dem Hund zu gehen und ihn an die Leine zu nehmen. Ich machte das nicht, weil ich nicht Bestandteil von Generals Jagdspielen werden wollte.

Zu sagen, General hätte den Dummy apportiert, wäre sehr übertrieben gewesen. Er hatte den Dummy weit genug entfernt von mir deponiert, traf es eher. Ich hätte keine Chance gehabt, ihn vor ihm zu erreichen. Trotzdem warf ich ihm ein Leckerchen zu. Er ging auf den nächsten Dummy und ich nutzte diesen Moment, den schon apportierten Dummy zu mir zu holen. Wieder legte er den Dummy außer Reichweite ab. Ich warf das Leckerchen und so weiter. Jedes Mal warf ich die Leckerchen etwas näher zu mir und Brigitte. General folgte dieser Spur ... Futter, ich bitte euch, er ist ein Labbi ...

Dann übergab ich Brigitte die Dummys und sagte ihr, sie solle die Dummys nach dem gleichen Prinzip auslegen. Das tat sie. Jedes Mal, wenn General einen Dummy in ihrer Nähe ablegte, bekam er eine Belohnung. Es folgten zwei weitere Durchgänge. Jedes Mal musste General etwas näher zu ihr kommen, um seine Belohnung einzuheimsen.

Beim letzten Mal sollte er das Leckerchen aus der Hand nehmen. „Jetzt lass ihn absitzen", sagte ich. General setzte sich, nahm das Leckerchen und ließ sich danach anstandslos anleinen.

Mir ist natürlich bewusst, dass diese Art mit Dummys zu arbeiten jedem passionierten Vereins-Dummy-Sportler die Nackenhaare aufstellen wird. Dort ist der Aufgabenaufbau strukturierter, die Übung läuft nach einem vorgegebenen Schema ab, Abweichungen werden nicht geduldet. Die Arbeit beginnt nur, wenn der Hund exakt ausgerichtet ist. Vorher fliegt kein Dummy für das Tier. Jede Ungenauigkeit wird mit Punkteabzug geahndet. Da unterscheidet sich der Hundesport in keiner Weise von anderen Sportarten.

Wenn man während der Dummyarbeit im Verein die Beute tauscht, so wie wir es getan hatten, ist das fast eine Todsünde. „Der Hund arbeitet nur fürs Futter, nicht für dich", heißt es da häufig. Na und? Kein Hund macht etwas einfach nur aus purer Liebe. Sie haben immer ein Ziel, eine Absicht, wir kennen sie nur nicht immer. Im Alltagstraining ist dieser Aspekt, besonders in hochgefahrenen Notsituationen, komplett ohne Bedeutung. Wenn eine Situation mit Futter zu klären ist, dann tut es.

Dabei geht eigentlich beides wunderbar zusammen. Man kann

zum einen eine versierte Dummy-Sportskanone im Verein sein und gleichzeitig wissen, wie man diese kleinen Jutesäcke dafür einsetzen kann, einen Hund, der vor Aufregung außer Rand und Band geraten ist, so herunterzufahren, dass er für uns Menschen wieder ansprechbar ist. Ist das nicht wundervoll?

Nachdem General wieder angeleint war, ging ich zu meiner Prüferin, um mich zu entschuldigen. Sie wirkte ganz entspannt. Die Prüferinnen kamen mir einen Schritt entgegen und die Ältere von ihnen sagte: „Na, das war ja mal eine ungewöhnliche Prüfung." Ich lächelte unsicher und wartete ab. Wie sollte ich mich bloß dafür entschuldigen, dass mein Training derartig aus dem Ruder gelaufen war. „Ja, also herzlichen Glückwunsch, sie haben bestanden", sagte die andere Prüferin. Wow, ich konnte es nicht fassen. Wie sich herausstellte, hatte es ihnen gefallen, wie ich einer völlig Fremden und ihrem Hund aus der Bredouille geholfen hatte. „Alles, was wir sehen mussten, lief zwischen ihnen, General und seinem Frauchen ab. Die Dame geht jetzt auf jeden Fall mit mehr Wissen nach Hause, als sie vorher hatte. Sie bekommen ihren Bescheid per Post zugeschickt."

Heike war bei den ersten Worten schon zu ihrem Auto gelaufen und kam mit einem großen Einkaufskorb wieder. „Jetzt feiern wir aber mal richtig", sagte sie und holte eine Flasche Sekt aus dem Korb. Brigitte bekam auch einen Becher und feierte mit. Wir hatten die Dummys eingepackt und General und Rasmus rauchten die Friedenspfeife. Brigitte beschloss spontan, dass sie weiter mit uns trainieren wollte, besser konnte es doch gar nicht laufen. Wir vier Frauen saßen auf den umliegenden Baumstümpfen und prosteten uns zu. Unfassbar! Egal, was noch auf dem Hundeplatz passieren würde, ich war Hundetrainerin. Nichts und niemand konnte daran noch etwas ändern.

KAPITEL 26

DER STURM IM PROSECCOGLAS

Der Sturm, der sich über unserem Hundeplatz in Bargteheide zusammenbraute, entstand nicht, wie es sich für einen ausgewachsenen Orkan gehörte, über dem Atlantik oder dem Pazifischen Ozean. Nein unser Sturm nahm in der WhatsApp-Gruppe „Work and Fun“ Fahrt auf. Ganz den digitalen Zeiten geschuldet, in denen wir lebten.

PING!!!

Michael: „Uschi, ich möchte hier was besprechen.“

Uschi: „Worum geht’s?“

Ich machte es mir auf meinem Sofa bequem. Finley legte sich zu meinen Füßen. Ich sah ihn an und sagte: „Das wird jetzt unangenehm, mein Dicker.“ Finley reckte mir seinen Kopf entgegen und nahm die Kaustange, die ich ihm entgegenstreckte.

PING!!!

Michael: „Um letzten Sonntag“

Uschi: „Um was geht es genau?“

Ohmannohmann, dachte ich, die Kommunikation zwischen Michael und Hunden funktionierte zwar wie geschmiert, aber bei seinen kommunikativen Möglichkeiten Menschen gegenüber war noch viel Luft nach oben.

PING!!!

Jochen: „Michael, wenn es nur euch Zwei etwas angeht, dann rufe Uschi doch lieber an.“

Michael: „Hmmm“

Jochen: „???“

Uschi: „Genau, ruf mich an.“

Michael: „Können eigentlich alle wissen.“

Uschi: „Was? WAS können alle wissen???“

Ich verstand Uschis Ungeduld. Diese Unterhaltung mit Michael gestaltete sich wie ein Gespräch mit einem vierzehn Jahre alten, pubertierenden Jugendlichen, dem man jede Information wie Würmer aus der Nase ziehen musste: „Kevin, wo warst du?“ Kevin antwortet: „Bahnhof.“ Ja, das ist ein vollständiger Satz in der Pubertät. „Was hast du da gemacht, Kevin?“ Und weil Prädikat und Objekt in der Elterngeneration ohnehin überbewertet werden, antwortet Kevin mit einem Grunzen.

Jetzt kommt es, dachte ich. Der Burgfrieden war kurz davor in Stücke gesprengt zu werden. Mit den sozialen Fähigkeiten eines ichbezogenen Nashorns und einem Mangel an Diplomatie, den man sonst nur von Kim Jong-un, dem „Obersten Führer“ der nordkoreanischen Regierung kannte brachte Michael sein Anliegen in einer Sprachnachricht vor.

PING!!!

Michael: „Ich will, dass Karin den Hundeplatz verlässt. Sofort und für immer.“

Finley bekam seine zweite Kaustange.

PING!!! PING!!! PING!!! PING!!!

Ute: „Schulterzuck-Emoji“

Jochen: „Häh?“

Oswald: „Was ist denn jetzt schon wieder los?“

Uschi: „Aber wieso denn?“

Karin: „Hast du sie noch alle?“

Ich schüttelte den Kopf. Auf diese Weise würde Michael ein Eigentor schießen. Es hagelte Messages voller Unverständnis und Empörung.

PING!!!

Oswald: „Starker Tobak, mein Lieber. Erklär das mal.“

Konstanze: „Karin ist ein bewährtes Mitglied auf dem Platz. Ich stimme für Karin.“

Uschi: „Von welcher Abstimmung redest du, verdammt?“

Bettina: „Wir finden eine Lösung. Wofür eigentlich?“

Konstanze: „Unruhestifter!“

Pastor Immelmann: „Vertragt euch, Kinder, vertragt euch.“

Karin: „Keine Ahnung, was er jetzt schon wieder hat.“

Michael: „Das weißt du ganz genau!“

Karin: „NEIN!“

Michael: „DOCH!“

Und genau an dieser Stelle plagten mich Zweifel. Wusste Karin wirklich noch, was sie mit besoffenem Kopf auf dem Hundeplatz gesagt hatte? Oder waren die Geschehnisse dieses Tages gnädig hinter einer Wand aus Prosecco-Glucose-Kristallen und Ethanol-Dämpfen verschwunden? Ehrlich, ich wusste es nicht. Einerseits hätte Karins Promillespiegel jeden Seemann auf Landgang vor Neid erblassen lassen. Andererseits war Karin auch sehr clever. Ich traute es ihr zu, dass sie sich hinter einem angeblichen Filmriss versteckte, um als Siegerin aus dieser Auseinandersetzung hervorzugehen.

PING!!!

Uschi: „Beruhigt euch mal. Michael, ich will jetzt endlich wissen, was los ist. Was ist passiert? Ich rufe dich an."

Michael: „Wir klären das hier. Kann jeder lesen."

Uschi: „Michael, geh' an dein Handy, verdammt!"

Michael: „Nö"

Oswald: „Also was jetzt, Michael. Willst du, dass etwas geklärt wird oder nicht? Sag, was los ist."

Michael: „Birgit, willst du vielleicht etwas dazu sagen?"

Alter, wenn ich dich in die Finger bekomme, dachte ich. Wenn es etwas gab, was ich überhaupt nicht ausstehen kann, dann dass mich jemand zu einer Handlung zwingen will und das obwohl ich schon im Vorfeld deutlich gesagt hatte, dass ich mich nicht einmischen werde. Ich überlegte ganz kurz, ob ich nicht einfach weiter so tun konnte, als hätte ich den ganzen Schlamassel nicht mitbekommen. Aber dann hätte mich Uschi irgendwann angerufen und mich befragt. Von den anderen ganz zu schweigen.

„Finley, was mache ich denn jetzt", fragte ich mein Bärchen. Der kaute inzwischen seelenruhig auf einem Ochsenziemer herum. Finley sah mich an und ich meinte zu hören, wie er sagte: „Bleib einfach bei der Wahrheit." Auf einen weisen Hund sollte man hören, wie ich fand, also schrieb ich eine Nachricht in die Gruppe.

PING!!!

Ich: „Nein, möchte ich nicht. Warum auch? Wenn du ein Problem mit Karin hast, dann setzt euch zusammen und klärt das untereinander. Ihr seid beide erwachsen."

Oswald: „Treffer versenkt!"

Ute: „Richtig"

Bettina: „Da hat sie recht. Keiner weiß, worum es hier geht."

Karin: „Ich weiß überhaupt nicht, was er hat."

Michael: „Birgit schon."

Ich: „Das mag schon sein. Es ist aber überhaupt nicht meine Aufgabe, hier darüber aufzuklären, welche Laus dir, lieber Michael, über deine Leber gelaufen ist. Du bist schon groß. Mache das bitte selbst. Das hatte ich dir gestern bereits unmissverständlich gesagt."

Michael: „Du findest es also gut, was Karin gemacht hat? Du hast also kein Problem mit ihr?"

Ich: „Nein, hab' ich nicht. Wie ich bereits sagte, ES.IST. NICHT.MEIN.BUSINESS!!! Also lass mich da raus."

Michael: „Ohne mich wärst du gar nicht auf dem Platz."

Ich: „Seufz. Frau-fasst-sich-an-den-Kopf-Emoji"

Uschi: „Wir hätten dich jederzeit auch so genommen, Birgit."

Ich: „Winke-Emoji"

Auch ich: „Ich klinke mich an dieser Stelle wieder aus der Unterhaltung aus. Michael ... frag mich nichts, erwähne mich nicht und ziehe mich da nicht rein!!!"

Uschi: „Das bringt hier so nichts, Michael. Ich breche die Unterhaltung jetzt ab. Wir klären das am Sonntag auf dem Platz. Michael, du kannst mich jederzeit anrufen."

PING!!!

WhatsApp: „Uschi Dierks hat die Gruppe geschlossen."

Meine Güte, es wäre doch unter Erwachsenen so einfach gewesen. Michael hätte sagen können: „Du hast mir vorgeworfen, ich würde meine Hunde schlecht behandeln und dass mein Umgang mit ihnen gegen das Tierschutzgesetz verstößt. Das empfinde ich als Beleidigung." Karin hätte dann einfach sagen können: „Mensch, ich hatte an dem Tag so viel getrunken, ich kann mich daran gar nicht erinnern. Wenn ich dich beleidigt haben sollte, tut mir das wirklich leid.“ Punkt, Aus, Ende des Konflikts. Aber nein, nicht auf diesem Hundeplatz.

Am Sonntag fuhr ich mit gemischten Gefühlen nach Bargteheide. Unsere Mitglieder hatten seit dem Chat genug Zeit gehabt zu tratschen, Legenden zu spinnen und Vermutungen zu Tatsachen werden zu lassen. So etwas geht auf einem Hundeplatz manchmal schneller als in den sozialen Medien.

Uschi stand auf der kleinen Holzterrasse und rief: „Kommt doch bitte alle einmal zusammen. Der Michael möchte etwas sagen.“

Michael kam langsam nach vorn und sagte dann: „Ja, ihr wisst ja, dass Karin behauptet hat, ich würde meine Hunde misshandeln. Sieht das hier sonst noch irgendjemand so?“ Er kniff die Augen zusammen und blickte gespannt in die Runde. Einige der Anwesenden schüttelten mechanisch den Kopf. Oswald drehte sich zu Jochen und flüsterte: „So’n Blödsinn schon wieder.“ Michael fuhr fort: „Ich weise diese Vorwürfe weit von mir und erwarte eine Entschuldigung von Karin.“ Na immerhin hatte er dieses Mal klar gemacht, worum es ging. Jetzt musste sich Karin nur noch entschuldigen und dann war alles wieder paletti. Doch da sprach Michael weiter, er hatte offenbar nur eine seiner berühmten Kunstpausen eingelegt: „Und weil das einfach unverschämt war, verlange ich, dass Karin den Platz verlässt. Sonst gehe ich.“ Tusch von der örtlichen Blaskapelle!

Ich seufzte. Uschi wandte sich genervt ab. So war das zwischen den beiden ganz offensichtlich nicht besprochen worden. Konstanzes Augen verengten sich und Pastor Immelmann wagte einen halbherzigen Beschwichtigungsversuch: „Nananaaaa ... so muss es doch nicht enden.“ Er wirkte entsetzt, ein offener Konflikt, den man nicht mit einem wohl ausgewählten Bibelzitat vom Rasen fegen konnte, das war außerhalb seiner Komfortzone.

Alle Augen waren nun erwartungsvoll auf Karin gerichtet. In der einen Hand hielt sie eine Zigarette, in der anderen Hand das obligatorische Proseccoglas. Eingehüllt in eine pechschwarze Persianerjacke sah sie aus, als wäre sie einem Lifestylemagazin der fünfziger Jahre entstiegen. Sie drückte ihre Zigarette am Pfosten des Holzunterstandes aus und zupfte den Kragen der Persianerjacke zurecht.

Es herrschte Totenstille. Die Gute strich sich ein kupferfarbenes Löckchen aus dem Gesicht und sagte: „Ich kann mich üüüberhaupt nicht daran erinnern, üüüberhaupt mit dir gesprochen zu haben, Michael. Du weißt ja, dass ich viel zu viel getrunken hatte. Keine Ahnung, ob ich das gesagt habe.“ Während sie das sagte, hob sie ihr Glas leicht an, so als wolle sie uns zuprosten und nahm gleich darauf einen kräftigen Zug daraus.

Uschi versuchte zu vermitteln: „Also Karin, wir wollen den Michael ja alle auf dem Platz behalten. Wenn du das gesagt haben solltest, dann wäre jetzt eine Entschuldigung angebracht. Oder was meinst Du?“

Karin zog ihre sorgsam nachgezogenen Brauen zusammen und antwortete: „Ja, dann müsste ich mich wohl entschuldigen. Aber wie gesagt, ich kann mich nicht daran erinnern, so etwas gesagt zu haben. Von mir aus, kann der Michael gerne auf dem Platz bleiben.“ Karin, du kleines Biest, dachte ich, wie dreist von dir. Karin hatte den Vorwurf damals so laut herausgerufen, dass ihn so ziemlich jeder Anwesende gehört haben musste. Und jetzt drehte sie den Spieß einfach um. Redeten wir plötzlich darüber, ob Michael auf dem Platz bleiben durfte?

Uschi reagierte: „Wir sollten das jetzt klären. Karin, deine Erinnerungslücken in allen Ehren, aber auch ich habe gehört, dass du das zu Michael gesagt hast. Bitte, zum Wohle des Platzes, entschuldige dich.“

Wieder nickten einige und Karin merkte wohl, dass sie ohne Entschuldigung nicht weiterkommen würde. „Also gut, Michael“, sagte sie, „sollte ich dich beleidigt haben, tut mir das leid.“

Alle sahen ihn erwartungsvoll an. Karin hatte ihm widerwillig eine Brücke gebaut, über die er nur hinübergehen musste. Er brauchte die Entschuldigung nur anzunehmen. Aber Michael sagte: „Ich will, dass du zugibst, dass du das gesagt hast.“ Uschi stöhnte auf. Karin antwortete: „Das kann ich nicht machen, Michael. Ich kann mich wirklich nicht erinnern.“ „Dann musst du hier verschwinden“, befahl Michael.

„Moment mal“, meldete sich Uschi zu Wort, „das ist nicht deine Entscheidung, Michael. Hier wird niemand vom Platz geworfen.“ Michaels Gesicht war pavianrot angelaufen. Er hatte die Arme vor der Brust verschränkt und sagte: „Karin oder ich, einer muss gehen.“ Karin, clever wie sie war, sagte mit umwölkter Stimme: „Also ich würde wirklich gerne bleiben. Ich bin schon so lange dabei. Ich würde hier ja auch viele Freunde verlieren.“ Das Gesagte zeigte die gewünschte Wirkung. Sofort stand Konstanze neben ihr, legte ihr den Arm um die Schulter und sagte aufgebracht: „Du verlierst hier niemanden, Karin. Wir mögen dich.“

Uschi war sichtlich genervt. Ich konnte das verstehen. Wer lässt sich schon gerne ein Ultimatum stellen. Die Situation war verfahren. Egal, was sie als Nächstes sagen würde, es würde bedeuten, dass ein Mitglied den Platz verlassen würde. Alle starrten sie an. Uschi holte tief Luft und sagte: „Karin wird keinen Platzverweis bekommen. Was sie gesagt hat, war nicht gut, aber sie hat sich entschuldigt, auch wenn sie sich nicht erinnern konnte. Ich finde das trotzdem ausreichend.“

„Dann war das hier mein letzter Tag“, sagte Michael. Die pavianrote Gesichtsfarbe war einer aschfahlen Blässe gewichen. „Ach komm, nun dramatisiere das doch nicht unnötig“, sagte Oskar und legte Michael die Hand auf die Schulter. „Ne, ich gehe. Das war‘s für mich“, antwortete Michael unwirsch und schüttelte Oskars Hand ab. Dann drehte er sich zu mir um und fragte: „Wie sieht’s aus? Kommst du mit? Ich bringe uns als Team auf jeden anderen Platz. WIR brauchen das hier nicht.“

Ich sah ihn vollkommen verständnislos an. Wie kam er nur darauf, dass ich mitgehen würde? Dass wir immer nur ein Team waren, wenn er gerade mal Unterstützung brauchte, hatten die letzten

Monate nur zu deutlich gezeigt. Ich wollte meine Entscheidungen nicht mehr seinen abhängig machen. Er hatte sich in den vergangenen Monaten nicht gerade als Fels in der Brandung erwiesen. Ich fühlte mich ihm gegenüber nicht mehr verpflichtet. Also entgegnete ich. „Ne du, ich mache meine Ausbildung hier fertig. Überlege es dir lieber noch mal."

Wortlos wandte Michael sich ab und ging zu seinem Auto. Er ignorierte alle „Bleib-Dochs" und stieg ein. Ein bisschen leid tat er mir schon, wie er da so gebeugt in seinem Wagen saß. Letztlich war er in die Grube gefallen, die er sich mit dem gestellten Ultimatum selber geschaufelt hatte.

Die Stimmung auf dem Platz war gedrückt. Nur Karin schien Michaels Abgang kalt zu lassen. Sie schenkte sich noch ein wenig Prosecco ein und rief: „Andere Mütter haben auch schöne Söhne, Leute!"

Uschi brach das Training für diesen Tag ab. Die Luft war raus und die Hunde wurden unruhig. „Der kommt bestimmt zurück", sagte Jochen halbherzig. Das glaubte ich ehrlich gesagt nicht. Einige von uns gingen noch eine Gassirunde im angrenzenden Wald und danach fuhren wir nach Hause.

Für die Qualität des Unterrichts war Michaels Weggang nicht gut. Er war ein absoluter Dummy-Spezialist. Wir hätten viel von ihm lernen können. Auch meine Ausbildung würde darunter leiden. Keiner von uns konnte ihn einfach so ersetzen.

Kaum war ich zu Hause angekommen, klingelte mein Handy. Auf dem Display sah ich, dass Uschi mich sprechen wollte. „Wir brauchen unbedingt jemanden für die Dummy-Arbeit. Hast du Lust, da ein paar Schulungen zu machen", fragte sie mich. „Ja klar, aber denk daran, es muss ein Anfängerseminar sein", antwortete ich. „Okay, gut. Dann buche ich dich für das nächste Wochenende für das Dummy-Seminar bei Irina Schütze in Mecklenburg-Vorpommern. Ich schicke dir dann die Infos zu."

Als ich aufgelegt hatte, machte ich eine Gedankennotiz: Birgit, du musst aufhören, so spontan zu sein. Höre auf das, was deine

Oma immer gesagt hat: „Erst denken, dann reden, Deern!“ Für dieses Mal war es leider zu spät.

Zwei Tage später schickte mir Uschi per WhatsApp einen Link zu. Sie schrieb: „Hier findest du alle Informationen zu deinem Seminar. Finley und du, ihr seid für die Anfängergruppe gebucht. Viel Spaß euch beiden. Leider verfügen wir zurzeit nicht über genug Geld in der Platzkasse. Du müsstest die Kosten selber tragen.“ Ich klickte auf die Preisliste und staunte nicht schlecht. Das musste ein Premiumkurs sein. Ach was soll's, dachte und überwies die Summe. Wenig später bekam ich Post von Irina Schütze. Neben einer sehr ausführlichen Wegbeschreibung bekam ich auch eine Liste mit Dingen, die ich mitbringen sollte. Dazu gehörten ein Campingstuhl, ein Sonnenschirm, damit der Hund zwischen den Übungen im Schatten liegen konnte, ein Antimückenspray und Verpflegung für den ganzen Tag. Das ist nicht wenig, dachte ich und begann sofort mit der Planung.

Die Wegbeschreibung führte zum Schluss über so viele Feldwege, Pfade und Waldwege, dass ich schon beim bloßen Lesen die Orientierung verlor. Das Übungsgelände lag so weit abgelegen, dass ich befürchtete, mein Navi könnte beim Suchen schlicht die Segel streichen. Irina schrieb dazu: „Wenn ihr uns einmal gefunden habt, dann werdet ihr den Weg niemals wieder vergessen.“ Ich hatte eher das Gefühl, dass die Wahrscheinlichkeit, dass ich mich verfahren werde und für den Rest meines Lebens durch die mecklenburgischen Wälder irren würde, sehr viel größer war, als meine Teilnahme an diesem Kurs.

KAPITEL 27

DUMMYS, FOLTER UND HEUSCHOBER - WAS EBEN SO ZU EINEM HUNDELEBEN GEHÖRT

Mein Auto war so vollgepackt, als hätten wir zwei Wochen Campingurlaub vor uns. Meine Freundin Ute und ihre Hündin Lisa hatten sich kurzfristig auch entschlossen, an dem Dummyseminar in Plötzhusen teilzunehmen. Unsere Hunde hatten es sich im Kofferraum meines Berlingos bequem gemacht. Zusammen hatten wir Irinas Liste der unbedingt mitzubringenden Sachen abgearbeitet.

Unsere Campingstühle lagen, genau wie ein nagelneuer Sonnenschirm und ein Rucksack voller Dummys, auf der Rückbank. Daneben stand eine Ikea-Tragetasche, in die ich eine mit Kaffee befüllte Thermoskanne und zwei Becher gepackt hatte. In dieser Tasche befanden sich außerdem Besteck, Pappbecher, faltbare Hundenäpfe, Hundefutter, Retrieverleinen, zwei Bodenhaken, zwei Schleppleinen, Feuchttücher, Servietten und ein Erste-Hilfe-Set. Ihr dürft raten, welche dieser Dinge ich wohl zuerst brauchen würde. Wartet es ab!

Ute hatte die Verpflegung übernommen. Ihre riesige Kühlbox stand hinten im Fußraum. Sie hatte verschiedene Salate, belegte Brote, gebratenes Fleisch, Obst und zwei Flaschen Bier in der Box gebunkert. Auf Ute war Verlass. Daneben standen drei Sechserpacks stilles Wasser, dass wir uns mit unseren Hunden teilen wollten. Wir waren gut gerüstet für unseren Survival-Trip in die Meck-Pommersche Wildnis.

Nicht einmal eine der Schmeißfliegen, die die Kuhfladen auf den unseren Weg säumenden Wiesen umkreisten, hätten noch genug Platz in meinem Auto gehabt. Meinen Plan, einen unserer heimischen Pfadfinder zu diesem Ausflug einzuladen, musste ich deshalb verwerfen. Dabei wäre das wirklich eine gute Idee gewesen, denn ich traute Irina Schützes Wegbeschreibung nicht. Wie praktisch wäre es gewesen, Pfadfinder-Tim aus dem „Waldschrat und Nachteule e.V.“, Untersektion Walddörfer, als Backup im Fond dabei gehabt zu haben. Also nur falls mein Navi den Dienst quittiert hätte. Tim könnte hervorragend mit dem Kompass umgehen und hätte uns mir nichts, dir nichts, wieder in die Zivilisation zurückführen können.

Wie sich unterwegs herausstellte, funktionierte Utes Orientierungssinn mindestens so gut wie Tims Navigationsfähigkeiten. Sie hatte die Wegbeschreibung auf dem Schoss und leitete mich sicher auf den großen Sandparkplatz vor Irinas Bauernhof in Plötzhusen. Auf dem Parkplatz reihten sich Wohnwagen und Wohnmobile aneinander, so als machte gerade eine Gruppe holländischer Touristen gerade eine Brotpause, auf ihrem Weg zu ihrem Urlaubsziel. Das waren die Profis, also diejenigen, die regelmäßig an Irinas Seminaren teilnahmen. Sie wussten, im Gegensatz zu Ute und mir, dass sich die Veranstaltung hinziehen konnte. Zudem schenkte Irina auch gerne mal ein Schnäpschen aus. Natürlich stammte der Obstbrand aus eigener Produktion. Der Stoff hatte es in sich. Die Möglichkeit, dass so ein Gläschen die Fahrtüchtigkeit beeinträchtigen würde, war nicht von der Hand zu weisen.

Ute und ich packten den Wagen aus und ließen die Hunde raus. Ich nahm unseren Dummyrucksack auf meinen Rücken und hängte mir die Tragegriffe der Klapp-Campingstühle über die linke Schulter. Den Sonnenschirm klemmte ich mir unter den linken Arm. Auf meiner rechten Seite hielt ich Finley mehr oder weniger erfolgreich davon ab, alle anwesenden Hunde zu begrüßen. Ute nahm die Kühltasche, die Ikea-Tragetasche und ließ Lisa frei laufen. Das funktionierte gut, weil Lisa aufs Wort gehorchte und die anderen Hunde links liegen ließ.

Ein breiter Weg, eingefasst von Findlingen und Blocksteinen, führte zum Übungsgelände. Nach etwa zehn Metern stießen wir auf eine Sperrung. An den Holzplanken war ein Schild befestigt, auf dem stand: „Wegen Dummy-Seminar gesperrt. Folgt den blauen Markierungen.“ Irritiert sahen Ute und ich uns um. Da sahen wir es. Auf einigen der Bäume waren blaue Kreise auf die Stämme gesprüht worden. „Oh Mann, auf so eine Geocaching-Aktion hab ich überhaupt keine Lust“, stöhnte Ute. Ich verstand sie gut, jetzt so bepackt und mit einem zappelnden Finley an der Leine, durch die Pampa zu streifen, entsprach auch nicht gerade meiner Vorstellung von einem entspannten Seminarbeginn.

Ich nickte nach rechts, denn ich hatte den nächsten blauen Kreis entdeckt. Der blaue Pfad führte uns zu ... och ne, zu einem etwa zwei Meter hohen Geländeabbruch. Dort ging es steil nach unten. Keine Vorsprünge, über die man sich hätte herunterbalancieren können. Einfach Schnitt und nun seht mal zu, wie ihr das macht. Na großartig, dachte ich.

Links und rechts von uns sprangen todesmutige Seminarteilnehmer wie die Lemminge über die Klippe. Sie landeten mal mehr, mal weniger sanft auf der angrenzenden Rasenfläche. Wir sahen, wie sich Moni, die extra aus Bayern angereist war, den Fuß verstauchte und wie Lutz aus Hessen zum Treffpunkt humpelte. Wir beobachteten Peter aus Hamburg dabei, wie er sich das Kniegelenk gefährlich verdrehte und wie seine Frau Martina danach laut nach einem Sanitäter rief. Sie alle hatten ihr Gepäck beim Sprung dabeigehabt, was mich zu der Annahme verleitete, dass es irgendwo in ihrem Inneren ein paar tief verwurzelte, suizidale Tendenzen gegeben haben musste.

Ute stellte die Taschen ab und sah mich an: „Ich will das hier ohne ernste Verletzungen überstehen. Also, wie machen wir das?" Auch ich hatte mich inzwischen von meinen Lasten befreit und antwortete: „Mit Vorsicht und Verstand, meine Ute ... die haben sie hier doch nicht mehr alle."

Zuerst befahl ich Finley, dass er sich hinlegen sollte. Dann folgte ein sehr bestimmendes „Bleib". Und dann sprang ich.

Sobald ich mit den Füßen aufgekommen war, rollte ich mich über die rechte Seite ab. Ich hatte das mal üben müssen, weil einer meiner Verflossenen mir einen Fallschirmsprung zum Geburtstag geschenkt hatte. Im Vorbereitungskurs wurden wir gefühlte einhundert Mal von einem wackeligen Gerüst geschubst, welches den Flieger simulieren sollte, aus dem ich mich zwei Tage später hätte stürzen sollen. Der Trainer rief währenddessen: „Abstoßen, Knie lockerlassen, Abrollen und nicht auf die Zunge beißen!"

Meine Bilanz nach dem ersten Trainingstag war stattlich:

Mir war mehrfach schwindelig geworden, woraufhin ich vorzeitig von der Plattform gerutscht war. Das mit dem seitwärts abrollen hatte deswegen nicht ideal funktioniert. Schwindelige Personen haben nur geringe, bis gar keine Koordinationsfähigkeiten. Ich platschte also entweder wie ein Pfund Hack auf die Übungsmatte oder hing wie ein nasser Sack an dem wirklich sehr dünnen Sicherungsseil. So schwang ich hin und her, bis mich ein guter Samariter wieder auf meine Füße stellte. Infolgedessen hatte ich mich mehrfach übergeben müssen. Mein Verflossener war peinlich berührt.

Nach dem ersten Trainingstag hatten sowohl mein Übungsleiter als auch ich erkannt, dass der liebe Gott mich nicht dafür geschaffen hatte, mich aus mehreren tausend Metern Höhe aus einem Flugzeug fallen zu lassen. Ich sagte den Sprung ab. Der Übungsleiter war sehr erleichtert. Mein Verflossener nahm daraufhin Abstand von mir.

Aber ich schweife schon wieder ab. Ich war also gesprungen. Finley war daraufhin ein Stück nach vorn gerutscht und lugte sehr besorgt über die Abbruchkante. Ich sagte noch einmal „Bleib“ und er sah mich an, als wollte er sagen: „Na klar, was denkst du denn. ICH bin ja noch bei Verstand.“ Ute reichte mir ein Gepäckstück nach dem anderen herunter. Lisa lag inzwischen neben Finley. Auch sie guckte sehr skeptisch. Dann sprang auch Ute. Sie hüpfte gewissermaßen in meine Arme. Ihre Flugphase untermalte sie mit einem langgezogenen „Scheiiiißeeeee“. Wir landeten beide im Gras. Und das mit der Eleganz zweier Walrösser, die versuchten aus dem tiefen Wasser heraus auf einen Felsvorsprung zu klettern. Wir zwei bekamen einen Lachkrampf und kugelten uns auf der Wiese. Unsere Hunde waren inzwischen der Überzeugung, dass wir unseren Verstand komplett verloren hatten. Finley: „Was meinst du Lisa, Doppelzelle?“ Und Lisa nickte.

Als wir uns berappelt hatten, holten wir die Hunde nach. Es bedurfte einiger Überredungskunst, die Zwei davon zu überzeugen, es uns nachzutun. Bei der Gelegenheit lernten Ute und ich, wie es aussieht, wenn dein Hund dir die Mittelkralle zeigt. Letztlich sind wir dann doch noch an unserem Lagerplatz angekommen. Wir stellten unsere Stühle auf, schraubten die Bodenhaken in die Erde, gaben unseren Hunden Wasser und aßen erst einmal ein belegtes Brot. Die Stärkung hatten wir uns verdient. Moni, Lutz und Peter wurden immer noch an der Sani-Station behandelt ... von einem Tierarzt, in Ermangelung eines Humanmediziners. Der Tierarzt versuchte, seine Patienten zu beruhigen und machte ihnen klar, dass er über ausreichende Kenntnisse in der Humanmedizin verfügte. Er sagte: „Die ersten vier Semester unterscheidet sich das Studium überhaupt nicht. Außerdem haben wir viel an Schweinen üben müssen, die sind uns Menschen in vielem ähnlich.“ Genau mein Humor.

Etwa 20 Minuten später trafen wir uns mit unseren Hunden und unserem Übungsleiter Rico Frantzen auf einer großen Wiese. Die Wiese war umgeben von einem Wäldchen auf der einen Seite und einem kleinen See auf der anderen Seite. „Ja Hallo, ich bin der Rico und das ist Mandy. Wir wollen euch heute etwas beibringen“, sagte er und deutete dabei auf eine wirklich sehr hübsche, dunkelgoldene Hündin. Sie saß neben Rico, vollständig regungslos, was angesichts des Trubels um sie herum erstaunlich war. Rico fuhr fort: „Vorab schon mal eine Frage. Hat irgendjemand etwas dagegen, wenn man seinen Hund auch mal etwas härter anfasst?“

Einige schüttelten mechanisch den Kopf. Lemminge, dachte ich. Bei dieser Frage war ich hellwach geworden. Ich fragte: „Kannst du mal konkret sagen, was genau du damit meinst?“ Rico schaute verdutzt, er hatte wohl allumfassende Zustimmung erwartet. „Ich meine, dass man sie auch bestrafen kann, wenn sie nicht gehorchen“, antwortete Rico. Ute mischte sich ein: „Schon klar, aber die Frage war, was verstehst du unter Strafe? Einen Tadel, einen Knuff in die Seite, teeren und federn?“ „Ja, und wer straft unseren Hund? Wir selber, du etwa oder der liebe Gott“, stimmte ich ein. Rico lief rot an und sagte: „Ihr habt genug mit den Übungsabläufen zu tun. Ich übernehme das Strafen.“ Ich brauche aber eure Einwilligung.

Unmut regte sich in mir. Man konnte Ute ansehen, dass es ihr genauso ging. „Welche Art von Strafe“, wiederholte sie. „Ich demonstriere euch das mal“, sagte Rico. Er drehte sich um, packte seine nichts ahnende Hündin links und rechts an den Lefzen und hob sie auf Augenhöhe hoch. Dann schüttelte er sie heftig und setzte sie wieder ab. Das Ganze ging so schnell und war so brutal, dass Ute und mir der Atem stockte. Mandy lag nach dieser Attacke wie tot auf der Seite. Ich war mir in diesem Moment wirklich nicht sicher, ob sie noch atmete.

Die umstehenden Hunde, die das mitangesehen hatten, wurden ganz still. Finley saß plötzlich ganz brav neben mir. Es gab tatsächlich Kursteilnehmer, die das lustig fanden. Ein etwa vierzigjähriger Mann aus Sachsen, er stellte sich später als Ronald von Eichendorff vor, meinte: „Ab und zu brauchen die das. Die sind ja nicht aus Zucker. Meinen Segen hast du, Rico.“ Mein Gott dachte ich, es gibt tatsächlich Leute, denen würde ich keinen Hund anvertrauen. Andere waren so eingeschüchtert, dass sie einfach zustimmten, wohl in der Hoffnung, ihr Hund würde sich so verhalten, dass Rico solche Maßnahmen nicht für nötig hielt.

Ich sagte: „Ich möchte das nicht. Nicht mit meinem Hund. Wenn Finley etwas falsch macht, regle ich das alleine. Also ein klares, unwiderrufliches NEIN!“ Ute stellte sich neben mich und sagte: „Das gilt auch für mich. Absolut, NEIN!“

Rico grinste säuerlich sagte zu mir: „Ist dein Hund eine kleine Uschi? Hast du Angst um deinen Kleinen?“

Blödes Arschgesicht, dachte ich bei mir. Laut sagte ich: „Sorry, aber ich foltere meinen Hund nicht. Du schätzt das falsch ein. Ich mache mir eher Sorgen um deine Unterarme. Das würde sich mein Hund von dir nicht gefallen lassen.“ „Gar nicht zu reden von dem, was wir mit dir machen würden, nach so einem Übergriff“, ergänzte Ute. Jetzt musste ich grinsen. Ricos Hündin Mandy lag immer noch wie tot da.

Rico verstand gerade gar nichts mehr. „Drohst du mir“, fragte er Ute fassungslos. „Nein", antwortete diese eiskalt, „ich habe dir lediglich eine überlebenswichtige Information zukommen lassen." Wow, Ute hatte ihr Mafia-Gen entdeckt. Rico war es gewohnt, in diesen Seminaren als Experte bewundert und angehimmelt zu werden. Jetzt kamen da zwei Tussis aus Hamburg und stellten ihn in Frage. Das war inakzeptabel für ihn. Wie intolerabel das für ihn war, würde er uns nun den ganzen Tag spüren lassen. Wir stellten uns in eine Reihe, das Training begann. Mandy blieb immer noch leblos liegen.

Wir begannen mit einem Apport. Das hatten wir bei Michael schon gelernt. Es gab zwei Durchgänge, die relativ ereignislos durchliefen. Dann richteten wir uns neu aus. „Wir üben jetzt Geländeübergänge", sagte Rico. Mir war bis zu diesem Zeitpunkt ehrlicherweise gar nicht klar, dass es Hunde gab, die ein Problem damit hatten, von einer Wiese in den Wald zu laufen, damit einen Waldweg zu überqueren oder damit auf einer Strecke einen See zu durchschwimmen. Finley war es nicht anders gewohnt. Unsere Umgebung zu Hause hatte alles das zu bieten und er hatte von Anfang an alle seine Möglichkeiten ausgelotet.

Rico ging zum Ende der Grasnarbe und legte einen Dummy in den angrenzenden Wald. Er rief Ronald von Eichendorff auf, sich mit seinem Rüden Harras für den Apport fertig zu machen. „Ich möchte euch jetzt ein Beispiel zeigen, wie es idealerweise laufen sollte", sagte Rico. Ich war sehr gespannt. Selbstsicher gingen die Zwei an den Startpunkt. Ronald brüllte „Siiiitzzzz" und Harras tackerte seinen Popo auf den Rasen. Dann brüllte Ronald „Apporrrrt" und Harras sauste, wie vom Bogen geschossen, los. Es schien, als sei er nicht aufzuhalten. Ronald warf sich stolz in seine Brust und Rico sah sehr zufrieden aus. Doch dann, am Übergang zum Wald, machte Harras eine Vollbremsung. Er lief nach rechts, dann wieder nach links. „Vorrrrannn", brüllte Ronald. Doch Harras tigerte weiter an der Rasenkante entlang. Es kam, wie es kommen musste. Rico ergriff Harras Lefzen und schleuderte ihn durch die Luft. Das war ja so abgesprochen gewesen. Mir wurde schlecht vor Wut. Der Rüde war für den Rest des Tages kaum noch zu gebrauchen.

Dann waren wir dran. „Jetzt ist Birgit mit ihrer Uschi dran“, rief Rico. Ich ignorierte die dumme Bemerkung und konzentrierte mich auf die Aufgabe. Ich sagte leise „Sitz bei Fuss“ und Finley saß an meiner linken Seite. Brav, mein Bärchen, dachte ich. Dann sagte ich „Apport“ und er lief los. Finley sprintete auf den Waldrand zu, ignorierte den dort lauernden Rico, schnappte sich den Dummy und trat den Rückweg an. „Was zur Hölle sind Geländeübergänge“, schien er zu fragen. Bei mir angekommen, saß er vorschriftsmäßig vor und legte mir den Dummy in meine ausgestreckte Hand. Strike!

„Ganz gerade ist er aber nicht gelaufen“, kritisierte Rico uns schmallippig. Ich winkte ab und beugte mich zu Finley herunter und flüsterte: „Der Onkel Rico ist eine Uschi. Der hat ein dünnes Fell. Mach dir nichts draus, mein Süßer, das war superspitze.“ Die letzten Übungen des Tages verliefen ereignislos. Lisa und Ute waren die Stars bei den Wasserapporten. Ute hatte ja einen kleinen Teich auf ihrem Hofgelände und machte solche Übungen jeden Tag mit ihrer Hündin. Alles in allem musste ich sagen, dass wir von Michael schon sehr viel gelernt hatten. Sonst hätten wir in diesem Seminar nicht so gut bestehen können.

Es war Abend geworden und wir waren alle vier komplett ausgeknockt. Das konzentrierte Arbeiten hatte uns extrem müde gemacht. Wir saßen, zusammen mit den Teilnehmern aller Kurse, an einem großen Lagerfeuer zusammen. Dort aßen wir von unseren mitgebrachten Vorräten und tauschten unsere Erfahrungen aus. Wie sich herausstellte, hatte kein anderer Übungsleiter zu ähnlich drakonischen Strafen gegriffen wie Rico. Das beruhigte mich ein wenig. „Wollen wir hier übernachten und morgen nach Hause fahren“, fragte Ute, „ich bin so groggy, dass ich mir nicht sicher bin, ob ich uns noch mal durch diese dunklen Schleichwege lotsen kann.“ Mir ging es ähnlich. Also fragten wir Irina, ob sie eine Schlafgelegenheit für uns hätte.

So kam es, dass ich auf meine alten Tage noch einmal in einer Scheune übernachtete. Da lag ich nun im frischen Heu, in Decken eingewickelt und dicht an Finley gekuschelt. Durch die offene Luke im Obergeschoss fiel Mondlicht auf uns. Ute und Lisa lagen neben uns. Sie waren sofort eingeschlafen. Und während ich noch die Sterne betrachtete, fing ich schon an, den nächsten Familienurlaub in Österreich zu planen. Finleys Antrittsbesuch bei der Familie meines Mannes. Meine Schwiegermutti Traudl freute sich auf uns und darauf, dass ihr Sternchen mit Finley endlich einen Spielkameraden bekommen sollte. Zumindest für drei Wochen. Bevor ich dazu kam, näher darüber nachzudenken, fielen mir die Augen zu. Diese Geschichte erzähle ich euch dann, wenn wir ausgeschlafen haben...

DAS JAKLITSCH-ANTIJAGDTRAINING

KURZ UND KNAPP: JAGDHUNDE UND IHR TRIEB

Darum ist Antijagdtraining wichtig:

Um zu verstehen, warum ein Antijagdtraining für jedes Mensch-Hund-Team wichtig ist, sollte man erst einmal begreifen, woraus der Jagdtrieb eines Hundes besteht. Denn jeder Hund hat jede einzelne Sequenz von Jagdverhalten in seinem DNA-Code verankert.

Der Hund reagiert auf Reize. Das kann ein Geruch sein, ein Geräusch oder die schnelle Bewegung eines Tieres (oder eines Joggers...). Unsere Hunde sind wegen ihrer genetischen Dispositionen stetig auf der Suche nach diesen Reizen. Sie wissen vielleicht nicht, warum sie das tun, aber sie können der Jagd nicht widerstehen.

Unser Hund muss das Jagen nicht erst erlernen. Wird der Trieb durch einen dieser Reize ausgelöst, läuft ein angeborenes Verhaltensmuster ab. Wie dieses Verhaltensmuster ausgeformt ist, hängt unter anderem auch davon ab, zu welchem Zweck die Rasse deines Hundes ursprünglich gezüchtet worden ist. Einige der existierenden Hunderassen sind auf die einzelnen Jagdsequenzen spezialisiert gezüchtet worden. Jeder hat seine Aufgabe. Was sie gemeinsam haben, ist, dass sie darauf geprägt worden sind, mit uns Menschen zusammenzuarbeiten. Wir müssen ihnen nur zeigen, was wir wollen.

Der Irrtum:
Mein Hund hat einen starken Jagdtrieb, das ist eine Katastrophe.

Seht es von einem anderen Blickwinkel aus. Das Jagen gehört zu den natürlichen Verhaltensweisen unserer Hunde. Es lässt sich weder durch Verbote, noch durch Antijagdtraining vollständig unterbinden. Man kann das Jagdverhalten aber in Bahnen lenken. Gezieltes Training, welches unserem Hund ermöglicht, seine Jagdleidenschaft auszuarbeiten, macht es wiederum uns Menschen möglich, einzugreifen und seinen Drang zu beherrschen.

Betrachtet den Jagdtrieb eures Hundes als Chance, denn er kann eine Bereicherung eures gemeinsamen Lebens sein. Er ist kein Motzlümmel, der euch das Leben schwer machen will, sondern euer Trainingspartner, der sich darauf freut, mit euch zusammen etwas zu erleben. Das gemeinsame „Jagen", also das Arbeiten mit dem Jagdtrieb eures Hundes in von euch vorgegebenen Strukturen bringt euch gemeinsame Erlebnisse, die zusammenschweißen. Das wird den Gehorsam eures Hundes auch in alltäglichen Situationen stärken. Zudem macht es einfach Spaß und ist wesentlich effektiver, gesünder und besser für das Hundegehirn als Bällchenwerfen. Was wollen Mensch und Hund noch mehr?

Die wesentlichen Bausteine der Jagd

- ***Stöbern:*** Der Hund sucht nach Geruchs- oder Sichtspuren, oder achtet auf Geräusche, um die Beutetiere aufzuspüren.

- ***Hetzen:*** Die Hunde stellen der Beute nach und umkreisen sie.
- ***Stellen:*** Die Beute wird gefangen, dann springt der Hund auf die Beute auf oder verbeißt sich in ihr.
- ***Schlagen:*** Das Töten der Beute erfolgt durch Totschütteln, einen gezielten Biss in den Nacken, beziehungsweise den Hals, oder aber durch das Aufreißen der Bauchdecke.
- ***Fressen:*** Fleischbrocken werden vom Beutetier abgerissen und heruntergeschlungen.

Die Jagdhundetypen

Erdhunde: Die sogenannten Erdhunde kriechen in die Bauten ihrer Beutetiere und treiben sie dort heraus. Es sind in der Regel sehr mutige Hunde, die selbständig arbeiten. Das müssen sie sein, verfolgen sie in der Regel wehrhaftes Wild, wie zum Beispiel Dachse. Sie stellen die Beute so lange, bis der Jäger vor Ort ist, um das Wild zu erlegen. Ihr Ego ist nicht zu unterschätzen. Man muss sie als Hundehalter von sich überzeugen können. Zu dieser Hundegruppe gehören* unter anderem Kurzhaar-, Langhaar- und Rauhaardackel, Jagdterrier, Jack Russell Terrier, Parson Russell Terrier, Fox Terrier.

Laufhunde: Man nennt ihre Jagdtätigkeit auch brackieren. Sie hetzen die Beute so lange, bis sie zu ihrem ursprünglichen Platz zurückkehrt und dort vom Jäger erlegt werden kann. Zu dieser Hundegruppe gehören* unter anderem der Beagle, Deutsche Bracke, Steirische Hochgebirgsbracke, Brandlbracke, Westfälische Dachsbracke.

Stöberhunde: Diese Hunde suchen ein Waldgebiet systematisch nach Wild ab. Sie entfernen sich dabei so weit vom Jäger, dass dieser keinen Sichtkontakt mehr mit ihnen hat. Finden sie das

Wild, treiben sie es mit lautem Gebell auf den Jäger zu. Zu dieser Hundegruppe gehören* unter anderem der Cocker Spaniel, der Springer Spaniel, Deutscher Wachtelhund, Laika.

Apportierhunde: Diese Hunde wurden gezüchtet für die Arbeit nach dem Schuss. Sie sind (in der Regel) mit einem ausgeprägten „Will to Please" ausgestattet. Apportierer suchen das geschossene Wild im Wasser und am Land und bringen es zum Jäger. Zu dieser Hundegruppe gehören* die Retrieverrassen: Golden Retriever, Labrador Retriever, Flatcoated Retriever, Curly Coated Retriever und Chesapeake Bay Retriever.

Schweißhunde: Diese Hunde folgen dem Geruch des Blutes und dem Geruch der Trittspuren der angeschossenen Beutetiere und zeigen sie dem Jäger an. Sie sind auf die Arbeit nach dem Schuss spezialisiert und für ihre Ausdauer bekannt. Zu dieser Hundegruppe gehören* Bloodhound, Bayrischer Gebirgsschweißhund, Hannoverscher Schweißhund...

Vorstehhunde: Diese Hunde sind sogenannte Vollgebrauchshunde. Man setzt sie vor dem Schuss genauso wie danach ein. Bekommt der Vorstehhund eine Witterung in die Nase, zeigt er mit seiner Körperhaltung an, in welcher Richtung das Wild zu finden ist. Dafür friert er geradezu an einer Stelle ein und hebt eine Vorderpfote an. Hat der Jäger das Wild geschossen, können diese Hunde es auch apportieren. Zu dieser Hundegruppe gehören* Weimaraner, Magyar Vizsla, Deutsch Kurz-, Lang- oder Drahthaar, Irish Setter, Kleiner und großer Münsterländer.

Der Irrtum:

Da alle unsere Hunde durch jahrhundertelange Zucht zu Spezialisten in ihrem Aufgabengebiet geworden sind, entsteht oft der Fehlschluss, dass andere Rassen als die oben aufgeführten, nicht jagen würden. Ein weiterer Fehlschluss ist, dass die hier genannten Jagdspezialisten ihre Aufgabengebiete nicht verlassen würden.

Jeder Hundehalter sollte immer im Hinterkopf behalten, dass alle Hunde, systemisch gesehen, jagende Beutegreifer sind. Das bedeutet, dass ein Apportierhund auch mal stöbern geht, oder ein Apportierer auch mal hetzt. Es heißt aber auch, dass ein Hütehund durchaus in der Lage wäre, Beute zu töten.

Der Jagdinstinkt kann sich im Alltag durch ganz profanes Verhalten zeigen, das oft nicht mit ihm in Verbindung gebracht wird. Hier ein paar Beispiele aus dem Alltag.

Dein Hund jagt, wenn:**

- er hinter einem Radfahrer herläuft. Der Jagdinstinkt wird durch das Tempo und die schnelle Bewegung des Radfahrers ausgelöst. Er hetzt.
- er sich die Wurst vom Esstisch klaut. Er hat sich einfach Beute gesichert, weil er Hunger hatte und will nun sein Bedürfnis nach Nahrung befriedigen.
- er am Wegesrand schnüffelt. Er liest keine Zeitung! Er sucht nach einer Wildspur, die es zu verfolgen lohnt.
- er Spielzeug oder Kaustangen im Garten vergräbt. Er hat nicht seine verrückten fünf Minuten! Das Spielzeug oder die Kaustangen sind seine Beute. Er sichert damit seine Beute, gewissermaßen für später.
- er Löcher in den Rasen im Garten gräbt. Er hat wahrscheinlich eine Spur einer Maus oder eines Maulwurfs gewittert und versucht, den Bau dieser Tiere freizulegen.
- er mit lautem Bellen auf das Weinen oder Lachen von kleinen Kindern reagiert. Gerade bei Erdhunden kann das den Jagdinstinkt auslösen. Denn die Laute der Gelege in den Bauten, in die sie vordringen, zeigen ihnen den Weg an.

**Die Aufzählung der Rassen der unterschiedlichen Jagdhundegruppen ist nur beispielhaft, nicht vollständig.*
***Auch diese Aufzählung der Alltagsverhalten ist nicht abschließend, sondern nur beispielhaft zu verstehen.*

ANTIJAGDTRAINING:

Was brauchen wir Menschen für ein gelungenes Antijagdtraining? Die Grunderziehung des Hundes sollte bereits erfolgt sein. Sitz, Platz, Fuß und Hier sollte euer Hund kennen. Jetzt gilt es, dieses Können mit den Ablenkungen, die Wald und Flur für uns zu bieten haben, zu vertiefen. Ein guter Kommunikationsfluss zwischen euch und eurem Hund wäre hilfreich.

Zuerst einmal brauchen wir die volle Aufmerksamkeit unseres Hundes. Unter Ablenkung, zum Beispiel durch Gerüche, Geräusche, Rehe, Kaninchen, Eichhörnchen und so weiter, können eure Hunde vielleicht noch nicht aufmerksam euch gegenüber bleiben.

Stellt es euch so vor. Euer Hund ist vergleichbar mit einer Pyramide, die kopfüber auf der Spitze balanciert. Zuhause gelingt eurem Hund dieser Balanceakt vielleicht schon. Seid ihr aber unterwegs, bringt nahezu alles euren Hund, also die Pyramide, ins Schwanken, bis zu dem Zeitpunkt, an dem sie einfach umkippt und euer Hund ungehemmt, ohne euch, jagen geht.

Dann empfehle ich, ein Aufmerksamkeitssignal einzuüben. Dieses Signal ist der erste Fundamentstein, der um die Spitze der Pyramide gebaut wird. Ohne seine Aufmerksamkeit könnt ihr eurem Hund nichts beibringen. Jede weitere Übung ist ein weiterer Baustein, der das Fundament wachsen lässt. Dabei wird der Pyramide, also eurem Hund, noch immer etwas Spiel gelassen, für Spiel und Lebensfreude. Unsere Pyramide kann immer noch ein wenig wackeln, sie kann nur nicht mehr umkippen.

Wenn ihr Beschäftigung für euch und euren jagdmotivierten

Hund sucht, dann braucht er etwas, bei dem der Kopf arbeiten kann. Sportarten, bei denen die Bewegung schwerpunktmäßig im Vordergrund steht, wie zum Beispiel Agility, werden euch da nicht weiterhelfen. Tatsächlich wäre da Dogdancing viel geeigneter.

Ein Training, dass irgendwie fast alle Sequenzen des Jagdtriebes berührt, ist die Dummyarbeit. Das haben Finley und ich jahrelang mit Ausdauer und Engagement zusammen betrieben. Es macht den Hund lenkbarer, auch in hochtriebigen Situationen.

Dummys:

Dummys gibt es in unterschiedlichen Größen und Farben. Um die richtige Farbe auszusuchen, sollte man wissen, wie unsere Hunde sehen.

Die Fähigkeit, Farben zu erkennen, ist in etwa vergleichbar mit dem Farbsehen eines Menschen, der unter Rot-Grün-Blindheit leidet. Unsere Hunde können Kontraste gut erkennen. Deshalb wäre es zum Beispiel gut, wenn man einen weißen Dummy für einen dunklen Untergrund wählt und umgekehrt.

Ist man Anfänger beim Dummytraining, wäre es gut, wenn der Hund in der Lage wäre, den Dummy zu sehen. Hier solltet ihr weiße, gelbe oder blaue Dummys anwenden.

Soll euer Hund mit der Nase arbeiten, und das Sehen ist nicht mehr von Bedeutung, dann solltet ihr Dummys in Grün- und Rottönen verwenden. Rot- und Grüntöne sehen unsere Hunde in Grauschattierungen.

DER EINFACHE APPORT:

Ein einfacher Apport ist das Aneinanderketten verschiedener Verhaltensweisen.

- Zuerst muss euer Hund an eurer Seite Sitz machen. Er soll so

ausgerichtet sein, dass er in dieselbe Richtung schaut, wir ihr.
- Auf den Befehl „Apport“ läuft euer Hund auf direktem Wege zum Dummy und nimmt den Dummy ins Maul. Er darf nicht an dem Dummy nagen. Er muss ihn quer tragen.
- Dann kommt euer Hund, mit dem Dummy im Maul, auf direktem Wege zu euch zurückgelaufen.
- Er setzt sich vor euch ab. Dabei ist seine Brust frontal zu euch ausgerichtet. Er streckt euch den Dummy mit seinem Maul entgegen.
- Auf den Befehl „Aus“, gibt er euch den Dummy in eure ausgestreckte Hand.

Soweit der ideale Ablauf eines Apports. Die Voraussetzung dafür, dass das funktioniert, ist, dass euer Hund jedes Teilstück der Verhaltenskette im Einzelnen schon beherrscht: Das Sitzen in eine vorbestimmte Richtung, das Abwarten eines Apport-Signals, bevor er losläuft, das Aufnehmen, Halten und Tragen eines Gegenstandes, das Vorsitzen und das Ausgeben eines Gegenstandes auf das Aus-Signal. Kann euer Hund alles das, sind der Ausarbeitung weiterer, komplizierterer Arbeitsabläufe keine Grenzen gesetzt.

VORÜBUNGEN ZUM APPORT:

Voraussetzung für das Apportieren ist es, dass euer Hund gerne Gegenstände ins Maul nimmt und sie gerne weiterträgt. Manche Hunde müssen das nicht lernen, sie tun es freiwillig, gern und oft. Anderen Hunden muss man die Freude am Aufnehmen und Festhalten erst beibringen. Man kann das schon mit einem Dummy üben, oder mit einem anderen Gegenstand.

Dann wiederum sollte euer Hund seine „Beute“ bereitwillig an euch abgeben. Idealerweise legt er euch den Dummy in die dargebotene Hand. Das ist für viele jagdlich motivierte Hunde schwierig. Ihr Instinkt sagt ihnen, dass sie ihre Beute vor Zugriffen jeglicher Art in Sicherheit bringen müssen. Also bedarf es für einen eleganten Apport erst einmal etwas Vorarbeit.

Schau her:

- Wählt ein Signalwort oder eine Wortfolge, die euch leicht von den Lippen kommt, zum Beispiel, „Schau“ oder „Schau her“.
- Übt die Aufmerksamkeitsübung vorerst nur im Haus und im eigenen Garten, also mit möglichst wenig Ablenkung. Immer ein Schälchen mit Leckerchen bereithalten. Dann bitte immer nur ein Leckerchen in der Hand halten.
- Nehmt ein Leckerchen in die Zeigehand. Führt den Zeigefinger dieser Hand zwischen eure Augen. Ihr animiert euren Hund so, euch in die Augen zu schauen. Einen offenen Blick in eure Augen belohnt und bestärkt ihr. Während euch euer Hund in die Augen schaut, sagt ihr den Befehl „Schau her“ und gebt dem Hund ein Leckerchen dafür. Einen Blick auf eure Finger oder auf das Leckerchen ignoriert ihr. Dann erfolgt keine Belohnung.
- Sieht euch euer Hund zwischendurch einmal in die Augen, nutzt diesen „Zufall“ aus. Signalwort sagen, loben und mit Leckerchen belohnen. Achtet auf eure Sprachmelodie, die sollte anfangs immer ähnlich klingen. Euer Hund orientiert sich anfangs vorwiegend an eurer Stimme.
- Kurze Übungseinheiten von etwa fünf Minuten reichen aus. Mit dem besten Versuch hört ihr auf zu üben. Dann sollte euer Hund wieder etwas Ruhe bekommen. Wenn er nach dem Training mindestens eine halbe Stunde Schlaf hätte, wäre das ideal. Im Schlaf verknüpft das Gehirn das Erlernte. Es dauert mindestens eine halbe Stunde, bis das Erlernte vom Kurzzeitgedächtnis ins Langzeitgedächtnis transportiert wurde.
- Macht euer Hund die Übung im Haus schon gut, erhöht ihr den Schwierigkeitsgrad und übt das im Garten. Erst wenn das zu fast einhundert Prozent gelingt, könnt ihr das Training nach

draußen verlegen.

Bitte bleibt geduldig und versucht nicht zu schnell, erschwerte Bedingungen zu bewältigen. Es ist normal, dass es Erfolgsschwankungen gibt. Funktioniert es mal nicht gut, geht einfach wieder zwei Trainingsschritte zurück und übt weiter. Das gilt im Übrigen auch für die noch folgenden Übungen.

Das Ziel dieser Übung ist, dass es euch später gelingt, die Aufmerksamkeit eures Hundes zu jeder Zeit auf euch lenken zu können, auch in Situationen mit hoher Ablenkung oder Stressbelastung. Diese Übung ist somit nicht nur für das Antijagdtraining wichtig, sondern auch für euren Alltag.

Ihr schafft euch so ein kleines Zeitfenster, in dem ihr eurem Hund den nächsten Befehl geben könnt und ihm sagen könnt, was ihr als Nächstes von ihm fordert.

So stellt ihr sicher, dass eure Botschaft auch ankommt.

Anfängerübung „Fest“:

- Zuerst zeigt ihr eurem Hund den Gegenstand, gehen wir hier einmal von einem Dummy aus.
- Blickt euer Hund auf den Dummy, bestärkt ihr diese Handlung durch ein Lob und ein Leckerchen.
- Danach packt ihr den Dummy wieder in die Tasche. Eine Tasche, die am Körper befestigt ist, wäre dafür gut geeignet.
- Danach wiederholt ihr diesen Ablauf mehrere Male.
- Wenn euer Hund nach einigen Durchgängen versucht, näher an den Dummy heranzukommen oder ihn sogar mit der Schnauze berührt, bestärkt ihr nur noch dieses Verhalten, wie oben beschrieben.
- Das wiederholt ihr so lange, bis euer Hund verstanden hat, dass er seine Belohnung nur bekommt, wenn er den Dummy berührt hat.
- Im nächsten Schritt bestärkt, lobt und belohnt ihr jede Ten-

denz, die dazu führen könnte, dass euer Hund den Dummy in die Schnauze nimmt. Beispiele: wenn er die Schnauze am Dummy ein wenig öffnet, das Gebiss den Dummy umschließt, oder er versucht, den Dummy aufzunehmen. Berühren ist nun nicht mehr ausreichend, um eine Belohnung zu bekommen.

- Wenn euer Hund den Dummy sicher ins Maul nimmt, wird er im nächsten Schritt nur noch belohnt, wenn er den Dummy sicher in der Schnauze behält. Bis zu diesem Zeitpunkt habt ihr den Dummy immer noch in der Hand.
- Merkt ihr, dass euer Hund den Dummy nicht nur mit dem Gebiss umschließt, sondern ihn auch festhält, könnt ihr eure Hand ganz vorsichtig, für einen kurzen Zeitraum, vom Dummy lösen. Lasst die Hand dabei noch unter dem Dummy, damit ihr ihn auffangen könnt, sollte euer Hund ihn loslassen. Belohnt wird der kurze Moment, in dem euer Hund den Dummy trägt. Ihr könnt jetzt den Befehl „Fest" einführen. Wichtig ist, dass ihr das Wort „Fest" nur sagt, während euer Hund den Dummy festhält. Nicht vorher und auch nicht, wenn er den Dummy losgelassen hat. Nur so kann das Gehirn eures Hundes die erwünschte Tätigkeit mit dem dazugehörigen Befehl verknüpfen.
- Wenn das zuverlässig funktioniert, könnt ihr vorsichtig und in kleinen Schritten den Zeitraum, in dem euer Hund den Dummy trägt, erweitern.
- Erst wenn das zuverlässig klappt, könnt ihr damit anfangen, eure Hand langsam und vorsichtig vom Dummy zu entfernen. Arbeitet euch Zentimeter für Zentimeter vor. Belohnt euren Hund, wenn er den Dummy weiterhin festhält.

Anfängerübung „Aus":

- Euer Hund soll nun lernen, einen Dummy nicht nur aus eurer Hand zu nehmen, sondern vom Boden aufzuheben. Das ist für

Hunde tatsächlich ein großer Unterschied. Danach soll er euch den Gegenstand in die Hand geben.

- Wir beginnen wie beim „Fest“, nur dass ihr den Dummy ein wenig tiefer haltet. Nimmt euer Hund ihn problemlos ins Maul, haltet ihr die Hand beim nächsten Mal wieder etwas tiefer. Der Hund soll den Kopf beugen müssen, um den Dummy aufzunehmen.
- Euer Hund wird aber erst belohnt, wenn er den Kopf wieder nach oben nimmt, mit dem Dummy im Maul.
- Seid ihr mit dieser Methode am Boden angekommen, zieht eure Hand weg, sobald euer Hund den Dummy aufgenommen hat und trägt. Nun vergrößert ihr bei jedem Versuch den Abstand eurer Hand zu dem Dummy.
- Sobald euer Hund seinen Kopf mit dem Dummy im Maul anhebt, haltet ihr eure Hand wieder unter seine Schnauze. Der Dummy sollte nun in eure Hand fallen. In dem Moment, wenn euer Hund seine Schnauze öffnet, sagt ihr „Aus“, also während er den Dummy loslässt. Ihr habt den Befehl „Aus“ soeben eingeführt.

Wie ihr beim Lesen der Anleitungen sicherlich schon gesehen habt, erfordert so eine Konditionierung vor allem Geduld. Also seid nicht zu ehrgeizig, es würde dem Lernprozess nur schaden. Vor allem: Habt Spaß mit eurem Hund!

DANKSAGUNG

Ich möchte mich von Herzen bei meinen Verlegern Claudia und Frank de la Motte für die Chance bedanken, mein eigenes Buch zu schreiben. Frau de la Motte, unsere Gespräche und unser Schriftverkehr waren immer eine Quelle für neue Ideen und haben mich sehr unterstützt. Ich mag Ihren Humor, sehr.

Mir wurde schon nach den ersten Kapiteln klar, dass ich keinen Schimmer hatte, in welche Richtung sich die Geschichte entwickeln würde. So ein Buch kann ein erstaunlich starkes Eigenleben entwickeln. Mir ist bewusst, dass die Freiheit, die mir beim Schreiben gelassen wurde, keine Selbstverständlichkeit ist. Ich bedanke mich beim Minerva Verlag für das Vertrauen in mich und meine Kreativität.

Ich weiß ja nicht wie es anderen Autoren geht aber ich habe eine kleine Schwäche. Bin ich beim Schreiben im Flow sprudeln die Gedanken nur so heraus. Das kann gelegentlich dazu führen dass mir die Satzzeichensetzung sagen wir etwas aus den Fingern gleitet. Deshalb bedanke ich mich an dieser Stelle wirklich von Herzen beim Team meines Verlages für die kompetenten Korrekturen meiner Texte. (,,,,,,, Satzzeichen bitte artgerecht einsetzen, danke ;))

Ich bedanke mich aus tiefstem Herzen bei Nele-Tabea Reineke für dieses wundervoll gelungene Buch-Cover. Liebe Nele, du hast Finley und mich nicht nur ausgesprochen gut gezeichnet, es ist dir darüber hinaus auch gelungen, unsere Persönlichkeiten sehr treffend einzufangen. So sind wir eben. Immer ein wenig Überkopf, aber einer von uns behält die Füße am Boden.

Meiner Bine, meiner besten Freundin, danke ich für ihre unermüdliche, moralische Unterstützung. Du hast immer an mich geglaubt, hast mir Mut gemacht und mir Zuversicht geschenkt. Ohne deinen fortwährenden Zuspruch hätte es dieses Buch vielleicht nie gegeben.

Ein weiterer Dank gilt meiner Schwägerin Andrea, meiner Expertin für alles Steirische. Sie hat die steirischen O-töne in die korrekte Schreibweise transformiert. Danke für deinen Zuspruch.

Natürlich bedanke ich mich auch bei meinem Mann Thomas, der eigentlich keinen Hund wollte, sein Herz dann aber von Finley im Sturm erobern ließ. Du hast mich manches Mal sorgenvoll angeschaut, hast mich dann aber machen lassen. Danke für dein Vertrauen. Und ja, jetzt darfst du es auch lesen.

Viel Liebe und Dank gehen natürlich an meine Töchter Maybrit und Antje. Ihr wart mein Korrektiv, mein Publikum. Ohne euch und euren Input hätte das Buch eine andere Geschichte erzählt. Danke fürs Zuhören und fürs Kritisieren. Ich habe unsere kleinen Lesestunden sehr genossen. Ihr doch auch, oder? HALLOHO! IHR.DOCH.AUCH?

Natürlich darf ich Finley hier nicht vergessen. Das wäre fatal, denn er hat sich bei meiner Erziehung wirklich sehr viel Mühe gegeben. Ich habe es ihm nicht immer leicht gemacht. Du bist die Quelle meiner Geschichten, mein geduldiger Lehrer und bester Kumpel. Ich liebe dich mit jeder Faser meines Seins.

Birgit Jaklitsch

ÜBER DIE AUTORIN

Birgit Jaklitsch wurde 1961 in Hamburg geboren, wuchs dort auf und lebt heute mit Mann und zwei Töchtern im Nordosten der Hansestadt. Nach abgeschlossenem Jura-Studium folgte ein Volontariat beim Axel Springer Verlag. In den vergangenen Jahren arbeitete sie als Gerichts- und Polizeireporterin, Onlineredakteurin und bis heute als freie Journalistin im Lokalteil verschiedener Tageszeitungen. Daneben berät sie Hundehalter bei der Erziehung ihrer Vierbeiner. Die Erlebnisse mit ihrem Hund schrieb sie zuerst in ihrem Hundeblog Goodfellows nieder. Seit 2019 schreibt sie die Kolumne „Finley & Ich“ für das Hundemagazin HundeWelt.

ALLES FANTASIE, ODER WAS DACHTET IHR?

NATÜRLICH ist die gesamte Handlung dieses Buches eine Ausgeburt meiner Fantasie. So viel Pech kann ein einziges Mensch-Hund-Team doch gar nicht haben, oder? Alle in diesem Buch aufgeführten Personen sind nicht real. Der Ehemann Philipp aus diesem Buch ist natürlich nicht mein richtiger Ehemann, meine Schwiegermutter nicht meine Schwiegermutter, meine Mädchen heißen weder Finja noch Linnea. Den VLH-HM gibt es nicht, genauso wenig wie den Züchter Michael Garms.

Die Geschlechter habe ich unter den Protagonisten verteilt, wie ich gerade lustig war. Einen habe ich sogar sterben lassen, was mir in verstörender Weise mehr Spaß bereitet hat, als ich anfangs vermutet hatte. Die im Buch genannten Ortschaften können nichts für meine Fantasie. Kleiner Tipp, geht dort nicht auf die Suche nach den beschriebenen Hundeplätzen, sie existieren nicht.

Auch wenn Finley und das Leben mit ihm, mich zu diesen Geschichten inspiriert haben, wären etwaige Parallelen zu lebenden oder toten Personen oder tatsächlichen Ereignissen reiner Zufall und nicht beabsichtigt.

Das trifft übrigens nicht auf Finley und mich zu. Wir sind wirklich so töffelig.

Es grüßen Finley und sein Frauchen Birgit

EINE AUSWAHL AUS UNSEREM VERLAGSPROGRAMM

Der ganzheitliche Ansatz für Hunde mit Hüftgelenks- oder Ellenbogendysplasie.

Wenn beim Hund HD oder ED diagnostiziert wird, fallen viele Halter aus allen Wolken, scheint doch eine Operation unumgänglich …

Vor 25 Jahren waren die Begriffe HD oder ED etwas, was man den Hundehaltern erst einmal erklären musste. Eine eher exotische Erkrankung, beschränkt auf einige wenige Rassen.

Heute? Sind Mischlinge und Rassehunde gleichermaßen betroffen. Zahlreiche Hunde werden jährlich an der Hüfte operiert. Reibt Knochen auf Knochen, soll nach Ansicht der Ärzte ein neues Gelenk für Schmerzfreiheit sorgen. Doch ist diese aufwändige Operation wirklich das einzige Heilmittel? Und hilft sie in jedem Fall?

Es gibt Alternativen, die ein vergleichbares Ergebnis haben und weniger belastend sind. Die Alternative zur OP fußt auf mehreren Säulen, die in diesem Buch ausführlich beschrieben werden, so dass jeder sie zuhause durchführen kann. Und das Beste ist: Sie dient sogar der Vorbeugung.

Format 17 x 24 cm | ISBN 978-3-910503-08-3 | In Farbe.
156 Seiten mit Bildern. | 16,80 €

EINE AUSWAHL AUS UNSEREM VERLAGSPROGRAMM

Ein Leitfaden zur selbstbestimmten Hundeerziehung. Für alle.

Der hilfreiche Begleiter für eine intuitive Hundeerziehung: Autorin Helma Spona zeigt eine selbstbestimmte Alternative zur traditionellen Hundeschule. Hier erfährt jeder, wie er seinen Vierbeiner wirkungsvoll trainieren und erziehen kann, ohne dabei auf Fremde angewiesen zu sein. Weil jeder Hund einzigartig ist.

Der erste Hund zieht ein. Viele fragen sich: Was kann man mit Konsequenz und Belohnung machen und wo ist „Strafe" notwendig? Ist es das überhaupt oder funktionieren sogar nur rein positive Trainingsmethoden?

Moderne Trainingsmethoden sichern das Wohl des Hundes und garantieren den Erfolg. Mit einfachen Übungen lässt sich der Alltag mit Hund in kurzer Zeit meistern. Dazu gehören: Stubenreinheit, Ruheübungen, Verhalten gegenüber Besuchern, Leinenführigkeit, Rückruf...

Helma Spona erklärt, wie jeder sein eigenes Hundetrainingsprogramm aufbauen und anpassen kann. Auf zahlreichen Step-by-Step-Fotos zeigt sie, wie dieses einfach umgesetzt wird. Jeder hat so die Freiheit und Flexibilität, das Training individuell zu gestalten und auf seinen Hund spezifisch einzugehen.

Format 17 x 24 cm | ISBN 978-3-910503-11-3 | In Farbe.
172 Seiten mit Bildern. | 18,90 €

IM MINERVA VERLAG SIND AUSSERDEM ERSCHIENEN:

Der Weg zum Dream-Team.

Ein Chihuahua mag zwar körperlich klein sein, er selbst sieht sich aber ganz anders. Der zierliche Vierbeiner hat die Hundewelt in Deutschland im Sturm erobert. Kein Wunder, dieser charmante und intelligente kleine Kerl wickelt Kinder, Erwachsene und Senioren gleichermaßen um die Pfote. Ein Chihuahua ist für jeden Menschen der perfekte Begleiter. Und er ist auch leicht zu erziehen. Man muss nur wissen, wie. Kluge und mutige Hunde wie der Chihuahua brauchen mehr Erziehung und weniger Training. Ansonsten droht der „Napoleon-Komplex“. Ein Chihuahua will verstehen, danach bietet er vieles freiwillig an. Wie dies gelingt, lernt jeder Interessierte in diesem umfangreichen Praxisbuch.

<u>Behandelt werden folgende Themen:</u> Was geht in deinem Kopf nur vor? | Was Züchter über Chihuahuas sagen. | Die Brücke zum Herzen, so bauen wir sie. | Chancen und Herausforderungen. | Kleiner Hund, riesiges Herz und große Klappe! Wie ein Chi erzogen wird. | Leben im Rudel – ein Chihuahua-Traum. | Multi-Dog-Training. | Wie man ein Abbruchsignal trainiert. | Kommt nicht – gibt`s nicht. So trainiert man den Rückruf. | So erzieht man einen Chihuahua zu einem zuverlässigen Begleiter. | Extra: So akzeptiert ein Chihuahua das Alleinebleiben.

Softcover | 116 Seiten | Farbig mit Bildern. | In Farbe.
ISBN 978-3-910503-09-0 | 15,80 €

EINE AUSWAHL AUS UNSEREM VERLAGSPROGRAMM

WIE MAN ZUM RUDELFÜHRER WIRD - modern erzieht und jeden Hund für sich gewinnt.

Es gibt geborene Hundemenschen. Jeder Vierbeiner hängt an ihren Lippen, will ihnen gefallen, und folgt ihnen entspannt und voller Freude. Aber was machen diese anders?

Radana Kuny nimmt den Leser an die Hand und stellt ihm einen Ansatz vor, der einen einzigartigen Zugang zum Hund schafft.

Ihr Hund wird Ihnen folgen - überallhin und das auch noch freiwillig!

Format 17 x 24 cm | ISBN 978-3-910503-02-1
156 Seiten mit Bildern, Klappenumschlag. In Farbe.
19,90 €

Minerva Store

Weitere Bücher, e-Books, Magazine, CDs, Spiele u.v.m. unter
www.minervastore.de